帝王花

凤梨

高山杜鹃

孤挺花

鹤望兰

蝴蝶兰

酒瓶兰

龙血树

木瓜海棠

乳茄

铁兰凤梨

蟹爪兰

大花蕙兰

梅花

时尚家庭养花

赵梁军　尚爱芹　主编

中国农业大学出版社
·北　京·

内 容 简 介

　　花卉是植物的灵魂和自然的精髓,也是人类文明的重要载体,渗透在物质、精神和文化的各个领域。利用花卉装扮室内是美化、净化环境的最好选择,室内花卉的装饰和应用水平直接反映着人们的生活质量和幸福指数。

　　本书针对居住条件较好,注重室内环境质量,崇尚花卉文化,追求精致生活的人群,重点介绍各类时尚花卉的合理选购、栽培养护、室内摆放以及甄别欣赏技术,为营造舒适健康的室内环境,丰富家庭文化生活,滋润人们的心身提供帮助。

图书在版编目(CIP)数据

时尚家庭养花/赵梁军,尚爱芹主编 . —北京:中国农业大学出版社,2013.7

ISBN 978-7-5655-0679-6

Ⅰ.①时… Ⅱ.①赵…②尚… Ⅲ.①花卉-观赏园艺 Ⅳ.①S68

中国版本图书馆 CIP 数据核字(2013)第 050493 号

书　　名	时尚家庭养花			
作　　者	赵梁军　尚爱芹　主编			

责任编辑	张秀环	责任校对	陈　莹　王晓凤
封面设计	郑　川		
出版发行	中国农业大学出版社		
社　　址	北京市海淀区圆明园西路 2 号	邮政编码	100193
电　　话	发行部 010-62818525,8625	读者服务部 010-62732336	
	编辑部 010-62732617,2618	出 版 部 010-62733440	
网　　址	http://www.cau.edu.cn/caup	e-mail cbsszs @ cau.edu.cn	
经　　销	新华书店		
印　　刷	涿州市星河印刷有限公司		
版　　次	2013 年 7 月第 1 版　2013 年 7 月第 1 次印刷		
规　　格	850×1 168　32 开本　6 印张　150 千字　彩插 2		
定　　价	18.00 元		

图书如有质量问题本社发行部负责调换

编写人员

主　编　赵梁军（中国农业大学）
　　　　尚爱芹（河北农业大学）

参　编　刘芳伊（河北农业大学）
　　　　高永鹤（河北农业大学）
　　　　黄莘蕾（河北农业大学）
　　　　李　臻（河北农业大学）
　　　　段龙飞（河北农业大学）
　　　　王洪宾（中国农业大学）
　　　　李志兰（中国农业大学）

目 录

第一章　总　　论

第一节　家庭盆栽花卉基本知识

一、花卉的概念

花卉的概念有狭义和广义两种解释。狭义的花卉是指有观赏价值的草本植物。花是植物的生殖器官,卉是草的同义词。花卉指的是花花草草,也就是开花的草本植物。广义的花卉是指具有一定观赏价值,并被人们通过一定技艺进行栽培、养护及陈设的植物。包括高等植物中的草本、亚灌木、灌木、乔木和藤本植物,较低等的蕨类植物等都可列入花卉的范畴之中。亦即具有观赏价值的草本植物、草本或木本的地被植物、花灌木、开花乔木以及盆景等。

二、花卉的分类

花卉的种类众多,习性多样,生态条件复杂及栽培技术不一,从不同的角度出发,有多种不同的分类方法。每种分类方法均有其优缺点。

(一)按生态习性分类

1. 一年生草本花卉

种子发芽后,在当年便开花结实,即在一个生长季内完成生活史的花卉。此类花卉一般于春季进行播种,所以又称为春播花卉。如万寿菊、麦秆菊、半枝莲、百日草、鸡冠花、凤仙花、千日红、一串红、蛇目菊等。

2.二年生草本花卉

种子发芽当年只进行营养生长,越年后开花、结实、死亡,即在两个生长季内完成生活史的花卉。一般在秋季播种,翌年春夏开花,又称为秋播花卉。如三色堇、雏菊、金盏菊、桂竹香、羽衣甘蓝、紫罗兰、贵竹香等。

3.宿根花卉

多年生草本植物的一部分,是指每到冬季地上部分全部枯死,仅剩下根部进入休眠状态越冬,至翌春天暖后重新生长发育,能连续生长多年的草本植物。如芍药、玉簪、香石竹、非洲菊、蜀葵、天竺葵、文竹、菊花等。

4.球根花卉

均为多年生草本花卉。其共同的特点是具有地下茎或根变态形成的膨大部分,以度过寒冷的冬季或干旱炎热的夏季(呈休眠状态)。当环境适宜时再生长,出叶开花,并再产生新的地下膨大部分或增生子球进行繁殖。

球根花卉种类众多,因其变态部分不同,又可分为以下几类。

(1)球茎类:球茎是比较短缩的变态茎。具有明显的节与节间,节上环生干膜质鳞片状叶,将球茎包被起来,起保护作用。球茎具有发达的顶芽,能够抽叶开花。球茎基部常分生多数小球茎,称子球,可用于繁殖。如唐菖蒲、小苍兰、秋水仙、番红花等。

(2)鳞茎类:茎变态而成,呈圆盘状的鳞茎盘,其上着生多数肉质膨大的鳞叶,整体球状,又分有皮鳞茎和无皮鳞茎。有皮鳞茎外被干膜状鳞叶,肉质鳞叶层状着生,故又名层状鳞茎。如水仙及郁金香。无皮鳞茎则无干膜状鳞叶,沿鳞茎中轴整齐抱合着生,又称片状鳞茎,如百合等。

(3)块茎类:块茎是由地下根状茎的顶端膨大而成。节不明显,但有芽及脱落后留下的叶痕,其上面不直接产生不定根。部分块茎类花卉可在块茎上方形成小块茎,常用来繁殖,如马蹄莲等;而仙客来、大岩桐、球根秋海棠等,不分生小块茎;秋海棠地上茎叶腋处能产生小块茎,名零余子,可用于繁殖。

(4)根茎类:地下茎呈根状膨大,具分枝,横向生长,而在地下分布较浅。如大花美人蕉、鸢尾类和荷花等。

(5)块根类:由不定根经异常的次生生长,增生大量薄壁组织而形成,其中贮藏大量养分。块根不能萌生不定芽,繁殖时须带有能发芽的根颈部,如大丽花和花毛莨等。

5.室内观叶植物

室内观叶植物即以叶为主要观赏对象通常盆栽供室内装饰用的植物。在室内条件下,经过精心养护,能长时间或较长时间正常生长发育,用于室内装饰与造景的植物,称为室内观叶植物室内观叶植物。以阴生植物为主,也包括部分既观叶又观花、观果或观茎的植物。常见的室内观叶植物有蕨类植物、天南星科、凤梨科、鸭跖草科、竹芋科、百合科、爵床科、秋海棠科等。

6.仙人掌类及多浆植物

多浆植物又称多肉植物、肉质植物,意指具肥厚多汁的肉质茎、叶或根的植物。全世界有10 000余种,分属40多个科。其中属仙人掌科的种类较多,因而栽培上又将其单列为仙人掌类植物,而将其他科的植物称多浆植物。

此类植物种类繁多,形态奇特,花色艳丽,繁殖栽培容易,大多耐室内半阴、干燥的环境,是理想的室内盆栽植物。许多国家的植物园和公园常辟专门温室展览。除供观赏外,很多种的肉质茎可作饲料,有的也可作蔬菜或制作蜜饯;有些仙人掌果实可供鲜食;某些种类可入药;龙舌兰属一些种类的叶片可制耐海水腐蚀的纤维等。

7.兰科花卉

兰科植物都是多年生,依其生态习性不同,又可分为地生兰类,如春兰、蕙兰、建兰、墨兰等;附生兰类,如石斛兰、万代兰、卡特兰、蝴蝶兰、兜兰等。

8.水生花卉

水生花卉包括水生及湿生的观赏植物,如王莲、荷花、睡莲等。

9.木本花卉

木本花卉是指以赏花为主的木本植物,如杜鹃、栀子花、米兰等;也包括一些赏叶为主的木本花卉,如一品红、变叶木等。

(二)按观赏部位分类

(1)观花类:如牡丹、菊花、水仙、荷花、梅、君子兰、茶花、金鱼草、三色堇、鸡冠花等。

(2)观果类:如金柑、冬珊瑚、佛手、五色椒、风船葛、代代、无花果等。

(3)观叶类:海芋、苏铁、袖珍椰子、龟背竹、彩叶芋、红背桂、南洋杉等。

(4)观茎类:竹节蓼、光棍树、仙人掌类及天门冬属植物。

(5)芳香类:如栀子花、米兰、白兰花、茉莉、桂花、含笑等。

三、花盆的选择

花盆是用来栽种花卉的容器。花盆的质地不仅对花卉的生长发育有直接的影响,还影响到盆花的装饰和观赏效果。因此,家庭盆栽花卉应该根据所养花卉的生态习性以及使用目的等来选择花盆。

(一)花盆的种类及其主要特点

目前市场上出售的花盆种类较多,其质地、大小、式样也多种多样。根据花盆制作的原料和质地,可将花盆分为以下几类。

1. 素烧盆

素烧盆又称瓦盆、泥盆。由黏土烧制而成,有红色和灰色两种,底部中央留有排水孔。其盆壁有细微的孔隙,有利于土壤中养分的分解和排湿透气,使花卉根系能获得正常生长,是花卉生产中常用的容器。其不足之处是质地粗糙、松脆易碎,美观度较差。选购时注意:盆面有光泽,敲起来声音清脆的质量好;声音沉闷、色泽暗淡的,就是火候不到,使用不长时间会发生酥裂而报废。

2. 陶瓷盆

陶瓷盆是在素烧盆外加一层彩釉,质地细腻,外形美观,色彩鲜艳,有光泽。但排水、通气性能较差,不宜直接栽培花木,当作摆设和装饰均可,适合案头摆放。另外,也可作素烧盆的外盆套,以增强美感效果。

3. 紫砂盆

紫砂盆形式多样,造型美观,排水和通气性能虽不及素烧盆,但却比瓷盆好。这种盆多用于栽培兰花等名贵花卉植物。

4. 塑料盆

塑料盆质轻而坚固耐用,外形美观,使用方便,但通气、排水性能差。一般用于栽培吊兰、垂盆草等植物。选购时注意:花盆的色调、样式和所栽培的花草要相协调。

5. 木盆或木桶

木盆透气、排水性能较好,规格一般比较大,观赏价值也较高,供栽植大型植物用,口径为60~80厘米,多选用耐腐蚀的柏木、杉木制成,侧面装有把手,便于搬运。但应注意木质的防腐和生虫,以免影响植物根系正常生长和遭虫害。在东南亚各国各种山庄花园中用得较多,更趋于回归自然的风格。使用前通常先进行防腐处理。

6. 水盆和盆景盆

水盆盆底无孔，可盛水，用来供养水生植物，如水仙盆。盆景盆质地、款式较多，有紫砂盆、白砂釉盆、水磨石盆、大理石盆等。外形上，近圆形的六角形盆、八角盆、海棠盆、方盆、圆盆等。

7. 纸盒和穴盘

用来培养不耐移植的花卉幼苗，如香豌豆、香矢车菊等，其根系不耐移植，在定植露地前，先在纸盒中进行育苗。目前穴盘有很多不同的规格，在一个大盘上有数十甚至数百个小格，适用于各种花卉幼苗的生产。

8. 套盆

套盆盆底无孔洞，不漏水，美观大方。不直接栽种植物，而是将盆栽花卉套装在里面。防止盆花浇水时多余的水弄湿地面或家具，也可把普通陶盆遮挡起来，使盆栽花卉更美观。

9. 吊盆

吊盆有专门制作的，也有用普通花盆改制而成的。吊盆的安装，首先应该考虑的是安全，其次才是考虑装饰功能，不能本末倒置。

除此之外，还有用石质、玻璃、竹子、金属等材料制成的各种各样的花盆。

（二）花盆的选用与选购

选用花盆要根据所栽培花卉的生态习性、花盆的特点以及盆栽花卉的使用目的来综合考虑。普通栽培观赏用盆要求排水通畅、透气散发性能强，经济适用。瓦盆的透气性较好，绝大多数花卉都可以用瓦盆，但其观赏性较差；紫砂盆美观大方，但透气性较差，适宜栽植喜湿的观叶花卉；塑料盆质轻形美，保水性好，是栽植垂吊花卉的理想容器。装饰摆设用盆为了提高盆花的观赏效果，历来采用多种材料和制作工艺，制成各式造型精致的装饰用盆，并力求与花卉植物的株姿体态相和谐，意境优美。这类花盆，通透散发性能不强,属于工艺美术品,通常用于布置会场、宾馆厅堂,显得富丽堂皇,选择时要注意以下事项。

1.花盆的大小

花盆的大小、高矮要合适。花盆过大,植株小,植株吸水力能力弱,浇水后,盆土长时间处于湿润状态,根系呼吸困难,导致烂根。花盆过小,影响植株根部发育。因此,花盆盆口直径要大体与植株冠径相衬;带有泥团的植株,放入花盆后,花盆四周应留有2~4厘米空隙,以便加入新土;不带泥团的植株,根系放入花盆后,要能够伸展开来,不宜弯曲。如果主根或须根太长,应作适当修剪,再种到盆里。

2.花卉的生态习性

如果花卉耐阴喜湿,可选用塑料盆、陶瓷盆等透气性稍差的盆;如果花卉不耐湿,喜欢土壤通透性好,则可选择瓦盆、木盆等。

具体选购花盆时要注意花盆的质量。无论何种花盆,合格的花盆必须满足以下条件:外形周正、对称、不歪斜;无裂缝、底部平整。合格的花盆摆在地上一定要平稳。瓦盆一定要选择充分烧透的,未烧透的瓦盆在使用过程中易脱皮,不耐用。陶瓷盆外壁颜色应均匀一致,表面光滑,带有图案的还应色彩和谐、线条清晰,美观大方。

四、盆栽基质与培养土

土壤是植物赖以生存的物质基础,土壤质地、物理性质和酸碱度都不同程度地影响花卉的生长发育。优良的基质应该应具备以下条件:质地疏松,结构良好;具有良好的保水性能和通气透水性;养分含量适中而全面;酸碱度适中,pH 以 5.5~7.0 为宜;有机质和腐殖质含量高;无有害微生物和其他有害物质的滋生和混入。盆栽用土的好坏是栽培盆栽花卉成败的关键因素。

盆栽花卉种类繁多,生态习性不尽相同,对盆栽用土也有不同的要求。栽培时应根据具体花卉品种对土壤的要求进行培养土配制。

（一）常用盆栽基质

根据花卉对土壤的要求，可以选用两种以上的基质按一定比例进行配制，下面介绍几种常用的栽培基质及其特点。

1. 园土

一般来自菜园、果园以及种过豆科作物的土壤。园土具有良好的团粒结构、保水持肥能力较强、肥力高、价格便宜等优点。但也存在着一些缺点，如缺水易板结，透性差，往往有病害孢子和虫卵残留。因此，使用时必须充分晒干，并将其敲成粒状，必要时进行土壤消毒。一般不单独使用，常与其他基质混合使用。

2. 腐叶土

腐叶土是由阔叶树、针叶树的落叶和苔藓类植物堆积腐熟而成。含有较多的腐殖质，质轻、疏松、透气、保水保肥及排水性能良好，呈酸性反应，是优良的传统盆栽花卉用土，适合栽植多种常见的盆栽花卉，如仙客来、蕨类、秋海棠类、大岩桐、兰花、天南星科观叶花卉等。其中，由松针叶堆积腐熟而成的腐叶土呈强酸性，尤其适合喜酸性土的凤梨科、蕨类花卉。

腐叶土的配制方法：秋季收集落叶，以落叶阔叶树最好，如槐树、柳树。针叶树及常绿阔叶树的叶子，多革质，不易腐烂。草本植物的叶子质地太幼嫩，禾本科等植物的老硬茎、叶，均不易用。将收集好的落叶，填到挖好的土坑里，土坑大小依需要而定，将落叶、厩肥与园土层层堆积。先在下面铺一层落叶，厚度为 20～30 厘米，最好加上骨粉等，边加落叶边压实，直至坑中树叶距地表约 10 厘米时，往坑里倒入稀粪肥和水，没过落叶。待水渗到地下后，用塑料薄膜覆盖，然后盖土压实。经过 2～3 年堆积后，将腐叶从坑中挖出，用粗筛筛去粗大而未腐熟的枝叶后的腐叶土，经蒸汽消毒后即可使用。筛出的粗大枝叶还可以继续堆积，直至充分腐熟。

腐叶土土质疏松,养分丰富,腐殖质含量多,一般呈酸性反应(pH 4.6~5.2),适于在多种温室盆栽花卉应用。

3. 堆肥土

堆肥土是由家禽、家畜粪便与植物的残枝落叶、旧换盆土、垃圾废物、青草及干枯的植物等堆沤而成。堆肥土也是将上述材料一层一层地堆积起来,经发酵腐熟而成。含有较多的腐殖质和矿物质,疏松、透气、保水保肥性能良好,也是一种优良的盆栽花卉用土。但总体上堆肥土稍次于腐叶土。一般呈中性或微碱性(pH 6.5~7.4)。

4. 草皮土

草皮土是取草地或牧场的上层土壤,厚度为5~8厘米,连草及草根一起掘取,将草根向上堆积起来,经1年腐熟即可应用。草皮土含有较多的矿物质,腐殖质含量较少。草皮土 pH 6.5~8,呈中性至碱性反应,常用于水生花卉、玫瑰、石竹、菊花、三色堇等。

5. 泥炭土

泥炭土又称为草炭、黑土,是由泥炭藓炭化而成。含有大量的有机质,质轻、疏松、透气、透水性能好,保水保肥能力强,是一种优良的盆栽花卉用土。泥炭土有褐泥炭和黑泥炭两种。

(1)褐泥炭:是炭化年代不久的泥炭,呈黄褐色,含大量有机质,呈酸性反应(pH 6.0~6.5)。是温室扦插的良好床土。

(2)黑泥炭:是炭化年代较久的泥炭,呈黑色,矿物质较多,呈微酸性或中性反应(pH 6.5~7.4)。

6. 沼泽土

沼泽土是池沼边缘或干涸沼泽内的上层土壤。一般只取上层约10厘米厚的土壤。由水中苔藓及水草等腐熟而成。含大量腐殖质,呈黑色,强酸性(pH 3.5~4.0),宜用于栽培杜鹃及针叶树等。北方的沼泽土又名草炭土。一般为中性或微酸性。

7. 草木灰

草木灰是由各类植物的秸秆等残体燃烧而成。草木灰含有较多钾元素,透水性能良好,呈碱性反应,既可作栽培基质,又可作肥料。因其呈碱性反应,故常用作配制碱性培养土的一种原料。

8. 蛭石和珍珠岩

蛭石和珍珠岩的透气和排水性能良好,因此常用来配制盆栽用土,以改善培养土的物理性能,使之更加疏松透气。

蛭石是硅酸盐材料在800~1 100℃高温下膨胀而成。园艺用蛭石是特制加工的膨胀蛭石,因其易碎,随着使用时间的延长,容易使介质致密而失去通气性和保水性,因此,不宜用作长期盆栽花卉的材料。颗粒较大蛭石比细的使用时间长,且效果好,可作为扦插苗床的基质,但使用时间不能超过1年。

珍珠岩是粉碎的岩浆岩加热至1 000℃以上膨胀形成的,具封闭的多孔性结构。质轻,通气好,但无营养成分。通常作为无土栽培的载体;能改良土壤理化性质、改善土壤的透气和保墒性,促进植物生长。在使用中容易浮在培养土的表面。

9. 河沙

河沙质地纯净、透气性好、排水良好,但保水保肥性能差,且养分含量不高,不宜单独作为盆栽花卉的基质。直径0.1~1毫米的细沙适宜和其他培养土配制使用,直径1~2毫米的粗沙适宜作为播种及扦插育苗苗床的基质。一般呈中性或微碱性反应。

10. 陶粒

陶粒是选用优质天然陶土加工后经过高温烧制而成。产品具有吸湿性好、透气性强、不滋生蚊虫、清洁卫生等特点,是盆栽花卉栽植的首选产品。

(二)常见花卉培养土的配制

配制培养土,应根据花卉生长习性和培养土材料的性质以及当地的条件灵活掌握,不同的花卉,对培养土有不同的要求。但是除了少数特殊花卉外,绝大多数花卉对土壤要求并没有专一性。下面介绍一些常见的培养土配制方法。

常用的培养土配制比例为腐叶土(或泥炭土):园土:河沙:骨粉＝35:30:30:5;或腐叶土(或泥炭土)、素面沙土、腐熟有机肥料、过磷酸钙等按5:3.5:1:0.5混合过筛后使用。此种培养土多为中性或偏酸性,适合大多数花卉使用。如果用来培养山茶、杜鹃等喜酸性土的花木,可掺入约0.2%硫黄粉;培养仙人球等花卉,可加入10%左右石灰墙剥落下来的墙皮土等。

山泥:园土:腐殖质:砻糠灰(草木灰)＝2:2:1:1,或园土:堆肥:河沙:草木灰＝4:4:2:1,是一种轻肥土,适用于一般盆栽花卉,如一品红、菊花、四季海棠、文竹、瓜叶菊、天竺葵等。山泥:腐殖质:园土＝1:1:4,是一种重肥土,适用于偏酸性花卉,如米兰、金橘、茉莉、栀子花等。

园土:山泥:河沙＝1:2:1,或园土:草木灰＝2:1,适用于偏碱性花卉,如仙人掌、仙人球、宝石花等。

园土:砻糠灰＝1:1,或单独用河沙,用于扦插或播种。

(三)盆栽培养土的消毒

一般盆栽的培养土不需特殊消毒,只要经过日光暴晒即可。这是因为,一方面,花卉本身具有一定的抵抗能力;另一方面,土壤中含有大量的微生物,它们的活动陆续分解出许多营养物质,以保持土壤肥力,有利于花木生长。也可用高温消毒,或药剂消毒,但微生物被杀死,土壤中的有机物质不能分解,不利于花木吸收。用于扦插和播种的培养土要严格消毒,因为病菌容易从插穗伤口侵入花木体内,造成腐烂,影响成活,对播种来说,刚生出的芽,抵抗力很弱,微生物常导致它发霉腐烂。下面介绍几种常用的消毒方法。

1.日光消毒

将配好的培养土放在混凝土、铁板上,薄薄平摊,暴晒3～15

天,可杀死病菌孢子、菌丝、虫卵、成虫和线虫。

2. 蒸汽消毒

将基质放入蒸笼上锅,加热至 60~100℃,持续 30~60 分钟。消毒时间不宜太长,以免杀灭有益微生物。

3. 火烧

对于保护地苗床或盆插、盆栽的少量土壤,放入铁锅或铁板上加火烧 0.5~2 小时。

4. 甲醛

每平方米用 50 毫升甲醛、6~12 升水,播前 10~12 天喷洒在培养土上,用塑料薄膜覆盖密闭,播前 1 周揭膜通气;或每立方米培养土中均匀撒上稀释 50 倍的 40%福尔马林 400~500 毫升,堆积覆膜,密闭 24~48 小时;也可用 0.5%甲醛喷洒且覆膜 5~7 天。沙石类消毒可用 50~100 倍甲醛浸泡 2~4 小时,用清水冲洗 2~3 遍。

5. 硫黄粉

每平方米培养土加入 25~300 克硫黄,或每立方米培养土加硫黄 80~90 克,可消毒土壤,中和碱性。

6. 石灰粉

对酸性土壤,每平方米撒入 30~40 克石灰,或每立方米培养土加入石灰粉 90~120 克,在南方针叶腐殖土中使用,可中和酸性。

7. 多菌灵

每立方米培养土加 50%多菌灵 40 克,覆膜 2~3 天。

(四)盆栽培养土酸碱度的测定及调整

土壤酸碱度对花卉的影响:土壤酸碱度用 pH 表示。pH<5.0 为强酸性,pH 5.0~6.5 为酸性,pH 6.5~7.5 为中性,pH 7.5~8.5 为碱性,pH>8.5 为强碱性。如果土壤酸碱度不合适,会影响植物对养分的吸收,因为酸碱度和矿质盐的溶解度有关。矿质养分中氮、磷、钾、硫、钙、镁、铁、锰、钼、硼、铜、锌等的有效性,均随土壤溶液酸碱性的强弱而不同。

土壤酸碱度的测定:取少量培养土,放入玻璃杯中,按土:水=1:2的比例,加水,充分搅拌,用石蕊试纸或广泛 pH 试纸蘸取澄清液,根据试纸颜色的变化可知其酸碱度。

土壤酸碱度的调整:酸度过高时,可在培养土中掺入一些石灰粉或增加草木灰(砻糠灰也可)的比例。碱性过高时,可加入适量的硫酸铝(白矾)、硫酸亚铁(绿矾)或硫黄粉。施氮肥时用硫酸铵,也能够使土壤碱性降低,酸度增加。用水果皮也可中和碱性盆土,把苹果皮及苹果核用冷水浸泡,经常用这种水浇灌,可以逐渐减轻盆土的碱性。

第二节 家庭盆栽花卉的栽培与养护

盆栽花卉由于花盆容积有限,花卉仅局限于花盆中,其生长受到花盆的制约,要想取得良好的栽培效果,必须进行精细养护和管理。家庭盆栽花卉的栽培管理主要包括以下几个环节。

一、上盆

上盆是指将花卉苗木(包括播种苗和扦插苗)从苗圃或从其他地方移植于花盆中的过程。上盆是盆栽的第一步,是花卉生长的关键,应根据幼苗的大小选择合适的花盆。

做好上盆技术,要注意以下几点。

(一)上盆时间

上盆时间应在11月份至翌年3月份,叶未萌芽时进行。常绿花木多选在10～11月份或3～4月份,花木需水量少的时期。

(二)上盆方法

选用合适的花盆→用一块碎盆片盖于盆底的排水孔上,凹面向下→填入一层排水物(碎盆片、砂粒等)→再填入一层培养土→用左手拿苗放于盆中适当位置→填培养土于苗根的四周→用手压紧→用喷壶充分灌水→置于阴处数日缓苗→逐渐放于光照充足处。

(三)注意事项

1.花盆处理

新泥瓦盆:新泥瓦盆在使用前,应事先泡水 2～3 天,俗称"退火",否则浇水后不易把盆壁和盆底渗透,半干不湿的盆壁会灼伤幼根。

使用旧盆:应当刷洗干净,并放在阳光下晒干后再用。否则,不但有碍于通气透水,还会引起病虫的危害。

2.花木修剪

苗木上盆前,要剪断过长的根和受伤的根。如果损伤的根太多,还需剪掉一些叶子以减少蒸腾,提高成活率。

3.浇水和施肥

上盆结束后,要立即浇水,一次浇透,直到盆底有水渗出。当时不要施肥,最好等苗木已发根,开始恢复生长后(一般 15 天),再补充肥力,使其更好生长。

二、换盆

换盆是把盆栽的植物由原盆换到另一盆中的操作过程。

1.换盆的原因

(1)幼苗生长过程中,花苗长大,原来的根老化,失去吸水、吸肥功能,而新根增多,但原盆的空间有限,根群生长受限,部分根系自排水孔穿出,从而影响植物的生长。因此,需要将植株从小盆换到大盆中,以扩大根系的营养面积。

(2)植株生长基本成形,但盆栽的时间过长,培养土中营养缺乏,土质变劣,需要更新培养土。此种情况下可以换同样大小的盆,主要是更换新的培养土和修整根系。

(3)植株经过休眠,在恢复生长前需要换盆,更换新土,清理腐根。

(4)苗木已经长大,需要分株栽培。

2.换盆时间和次数

(1)温室一、二年生花卉:一般到开花前要换盆2~4次,换盆次数较多,能使植株强健充实,但会使开花期推迟。

(2)宿根花卉:为1年换盆1次。一般于春季换盆,常绿种类也可在雨季中进行。不在花芽形成及花朵盛开时进行。

(3)木本花卉多2年或3年换盆1次。换盆时间春季或秋季。

3.换盆的方法

分开左手手指→置于盆面植株的基部→将盆提起倒置→以右手轻扣盆边→可取出土球。

(1)球根花卉:将土球肩部和四周外部旧土刮去一部分→剪除近盆边的老根、枯根和卷曲根→同时分株。

(2)一、二年生花卉:土球直接栽植,勿使土球破裂→盆底排水物可以少填或完全不填(当幼苗长大时)→再在盆底填些培养土→将土球放置中央→填土→稍镇压。

(3)木本花卉:依种类不同将土球适当切除一部分,一般不超过原土球的1/3。

盆花不宜换盆时,可将盆面及肩部旧土铲去换以新土,也有换盆效果。

4.换盆后管理

换盆后第一次应充分灌水,使根系与土壤密接,以后保持土壤湿润为度,但水分不宜过多。因换盆后根系受伤,吸收减少,否则根部伤处腐烂。换盆后最初数日宜置于阴处缓苗。

5.换盆时应注意事项

(1)由小盆换到大盆时,应按植株发育的大小逐渐换到较大的盆中,不能直接换入过大的盆中,原因是这样不仅费工费料,造成浪费,而且水分不易调节,植株根系通气不良,生长不充实,推迟开花,且开花较少。

(2)换盆前不要浇水,使盆土适当干燥,以使泥团容易倒出。刚浇过水的,不宜马上换盆,容易弄碎泥团,造成伤根。

(3)换盆时,先用小竹片将盆壁周围土拨松。

(4)应将原盆中的土团和植株一起反倒出来,尽可能使土团完整,保护好土团内的根系。绝不能把植株从盆内拔出或是挖出,以免损伤根系,影响换盆后快速生长。较小的花盆,可先倒过来,用左手托住盆土,右手轻磕盆沿,或用手指从盆底孔用力顶住垫孔,瓦片就可使土团和花盆分离;较大的花盆,可用双手把盆翻倒,将盆沿的一侧在地上磕几下,就可使土团脱离花盆。土团脱出后,应抖掉部分旧土,不能去除太多,否则易造成毛根损伤。

(5)换盆时,如果盆边充满新生的白根,可以将植株完整地换入大盆。对于某些珍贵的花卉种类,如兰花、牡丹、君子兰等,换盆时应先将根清洗、阴干,再行上盆。

(6)换盆可结合分株繁殖同时进行。

三、转盆

转盆目的是为了保持匀称完整的株形。在向阳的一面,植株趋光生长,向南偏斜,通过转盆,可防止植株歪斜。因此,在相隔一定日数后,转换花盆的方向,保持匀称圆整的株形,使植株均匀地生长。另外,在庭院地面放置的盆花,转盆可防止根系从排水孔穿入土中,否则时间过久,移动花盆时会将根系切断而影响植株的生长,严重时造成萎蔫死亡。

四、松盆土（扦盆）

松盆土目的是使土壤表面疏松，空气流通，因为土面因不断浇水而板结，造成土壤通气不良，影响植株生长。通过松盆土还可以除去土面的青苔和杂草。盆面的青苔影响盆土空气流通，难以确定盆土的湿润程度。通过松盆土还有利于浇水和施肥。因此，应时常松动盆土，但不能太深，以不伤害根系为度。操作方法简单，可用竹片或小铁耙进行。

五、施肥

花卉和其他植物一样，其生长发育过程中需要碳、氢、氧、氮、磷、钾、硫、钙、镁、铁、硼、锌、铜、锰、钼和氯等营养元素，其中，碳、氢、氧来自空气中的二氧化碳和水，其余营养元素均是从土壤中吸收的。盆栽花卉对氮、磷、钾三要素的需求量较大，而容器中的培养土有限，因此需要通过施肥来补充。通常结合上盆及换盆时，施以基肥，生长期间施以追肥。有机肥的养分丰富，肥性柔缓，肥效长，属于完全肥料，最适于盆栽基肥或追肥。能调节土壤的理化性质，改善土壤的结构，提高土壤肥力。有机肥作追肥，传统的做法是用水浸泡腐熟发酵，但在制作过程和浇灌时会发出恶臭，影响环境卫生，家庭不宜使用。下面介绍一些常用的肥料。

(一)常用肥料的种类

1. 有机肥

(1)饼肥(豆饼、花生饼、棉籽饼、芝麻饼等)：可作基肥(如可碾碎混入培养土中用作基肥)，但应用更多的是作追肥。

主要成分是 N、P。用途：微酸性，pH 6～6.5 适于北方栽培南方酸性花卉。常用的麻酱渣的 pH 在 6.5 左右，作追肥时可配成矾肥水。

(2)牛粪:牛粪加水腐熟后,取其清液用作盆花追肥。

(3)油渣:一般用作追肥,可混入盆面表土中,特别适用于木本花卉。因其无碱性,为茉莉、栀子等常用。

(4)厩肥和堆肥(要求充分腐熟后方能使用):主要成分是 N、P、K。用途:多用作基肥。因有机质含量丰富,故能有效地改良土壤的理化性质。

(5)米糠:含磷肥较多,应混入堆肥发酵后施用。用作基肥。

(6)鸡鸭粪(多用消毒鸡粪,必须完全腐熟):主要成分是 P,含磷丰富,为浓厚的有机肥料。用途:肥效较慢,多作基肥使用,作液肥使用时,应加水稀释(一般加水 10 倍腐熟,使用时再加水10～20 倍),不能直接与根部接触。适用于各类花卉,尤其适于切花和观果类花卉的栽培。

(7)蹄片(迟效肥):主要成分是 N、P、K 及其他元素。用途:可作基肥,一般放在盆四周作基肥,也可水浸发酵后,取其汁液稀释后使用。

(8)草木灰:主要成分是 K。用途:碱性肥料,多与沤制的培养土混合使用。在栽培南方喜酸性的果树时不能使用。不易使土壤板结,但过酸的土壤可用,可以起到中和的作用。

(9)骨粉(迟效肥):主要成分是 P。用途:可作基肥或追肥。是 P 肥的主要来源,适于观花、观果类植物使用。单施或混施。

2. 无机肥

(1)硫酸铵:仅适于促进幼苗生长,切花施用过多易降低花卉品质,使茎叶柔软。

(2)过磷酸钙:常作基肥施用。温室切花栽培施用较多。由于磷肥易被土壤固定,可以采用 2%的水溶液进行叶面施肥。

(3)硫酸钾:切花及球根花卉需要较多。可用作基肥和追肥。

(二)家庭自制肥料

在日常生活中,还可以就地取材自己动手制作花肥。许多养花爱好者常常为养花的肥料发愁。其实,可以用来当花肥的东西很多,许多废弃物经发酵剂发酵后便是花卉生长的好肥料,可利用厨房下脚料来制取高质量花肥。这些自制的肥料含有多种营养元素和丰富的有机质,肥效温和持久,还可改良土壤,使土壤形成团粒结构,协调土壤中的空气和水,对花卉的生长发育极其有利。下面介绍几种适合家庭盆栽花卉花肥的制作方法。

1.氮肥的制作

氮肥是促进花卉根、茎、叶生长的主要肥料。将豆饼、花生饼、棉籽饼、芝麻饼以及霉蛀而不能食用的豆类、花生米、瓜子、蓖麻,拣剩下来的菜叶,豆壳、瓜果皮或鸽粪及过期变质的奶粉等敲碎煮烂,放在小坛子里加满水,将坛口密封起来发酵腐熟(也可洒些杀虫剂)。为让其尽快腐熟,可放置在太阳照射处,增加温度。当坛内的这些物质全部下沉,水发黑、无臭味时(需 3～6 个月),说明已发酵腐熟。在夏季,10 天后即可取出上层肥水对水使用,此种肥料含有较多的氮肥,可作追肥或直接用作基肥。用后随即加满水再沤。原料渣滓可混入花土中。

2.磷肥的制作

鱼肚肠、肉骨头、鱼骨刺、鱼鳞、蟹壳、虾壳、毛发、指甲、牲畜蹄角等是富含磷质的杂物,将这些杂物弄碎后均匀地搅拌在培养土中,也可以将其埋在花盆的四周,或将其放在容器内发酵后便成了理想的磷肥,对水浇花,就会使花卉色艳、光亮、果实丰满。肥效可持续 2 年以上。

3.蛋壳花肥

将鸡蛋壳内的蛋清洗净,然后置于太阳下晾晒,捣碎,再放入碾钵中碾成粉末。按 1 份鸡蛋壳粉 3 份盆土的比例混合拌匀,上盆栽培花卉。此种肥料也是一种长效的磷肥,一般在栽植后的浇水过程中,有效成分就会渐渐析出,被花卉生长吸收利用。使用鸡蛋壳粉后,花大色艳,果大饱满,是一种完全有机磷肥。

4. 钾肥的制作

淘米泔水(最好发酵后施用)、残茶水、洗牛奶瓶子水等是上好的钾肥,可直接用来浇花。草木灰也含有钾肥,可用作基肥。钾肥能显著地提高花卉抗倒伏和抵抗病虫害的能力。

5. 废油

将抽油烟机储油盒里的废油,顺着花盆的盆边倒进土里,适合给扶桑、茉莉、旱金莲等作花肥。

6. 变质的葡萄糖

将变质的葡萄糖粉捣碎,撒入花盆土四周,几天后黄叶变绿,长势旺盛。也可将变质葡萄糖粉少许捣碎与清水按1∶100混合,用它浇灌花木,能促使花木黄叶变绿,长势茂盛。适用于吊兰、虎刺梅、万年青、龟背竹等。

7. 家庭生活垃圾

将摘下来的菜叶、吃剩下的水果皮以及鱼头和鸡毛之类的废料,在园地中挖一个坑一层废料一层土地填埋好后,浇一次透水,再盖上土,蒙上塑料膜,经过半年的腐熟发酵,各类菌群相继繁殖完后,将其挖出装塑料袋中密封保存留用。使用时,将腐熟的有机肥1份和3份园田土掺匀后栽植花木,效果很好。

将水果皮、烂菜叶拌入2/3的沙土中,装入小桶、盆罐等容器内,用泥把口封严,沤成腐殖土,既可以直接栽花,也可以当花肥追施。

8. 动物皮毛

将鸡鸭毛、猪毛、头发和牲畜蹄角直接埋入花盆内或浸泡沤制,都是很好的磷、钾肥,肥效可持续2年以上。

9. 中药渣

中药渣是一种很好的养花肥料,因为中药大多是植物的根、茎、叶、花、果、皮,以及禽兽的肢体、脏器、外壳,还有部分矿物质,含有丰富的有机物和无机物质。植物生长所需的氮、磷、钾类肥料,在中药里都有。用中药渣当肥料,对花木种植有很多益处,而且可以改善土壤的通透性。欲将中药渣当花肥,须先将中药渣装入缸、钵等容器内,拌进园田土,再掺些水,沤上一段时间,待药渣腐烂,变成腐殖质后方可使用。一般都把药渣当作底肥放入盆内,也可以直接拌入栽培土中。但是,药渣肥不宜放得太多,一般掺入比不要超过1/10,多了反而影响花木的生长。

10.骨粉

将吃剩下的畜骨、禽骨、鱼骨等放入水中浸泡一昼夜,洗去盐分,放入高压锅蒸煮20分钟后,取出捣碎即成骨粉。骨粉经腐熟后,掺入一半沙质园田土,便是营养完全的基肥。取少量骨粉与草木灰放入缸或罐内,用2.5千克清水浸泡,加1千克菜叶或树叶、青草,经20～30天腐熟后,捞出渣滓即可使用。以后再加菜叶和水,沤制成的肥液仍可继续使用。这种肥液肥效高,见效快。

11.豆腐渣

豆腐渣放入缸内,盛水发酵7～10天后,加3/4清水拌匀即可,用以浇灌盆花,见效快。此肥具有促生长、壮茎叶、开花好等特点。

12.蓖麻籽

将新鲜的蓖麻籽捣碎埋入盆土内,任花卉自然吸收,每半年施用一次,不必再施其他肥料。此肥用量少而有效期长,清洁卫生,对月季、茉莉、米兰等花卉都可施用,也可作为基肥。

13.鸡粪

鸡粪中含较多的微量元素与B族维生素,用作基肥,一年肥力不衰;作追肥,有效期长达2～3个月。施用鸡粪的花卉生长旺盛、花型大、花期长。

14.蛋壳、杂骨、鱼鳞等

将其泡制发酵后,可成为含磷丰富的养料。用它作追肥,能使花色鲜艳。羽毛或猪毛等直接埋入花盆边土内或经浸泡沤成磷肥,其肥效可达 2 年之久。

15. 葱皮有用场

家里吃葱时把剥下来的葱皮收集起来浸泡几天后,便是含多种微量元素的好花肥。制作方法:把 1 两葱皮切成寸段后泡入 5 千克 40~45℃的热水中,浸泡 1 周后的葱皮汁就可以当花肥用了。

16. 废水用到家

淘米水中含有蛋白质、淀粉、维生素等,用来浇花,会使花卉更茂盛。洗牛奶袋和洗鱼肉的水,能促使花木叶茂花繁。煮蛋的水,冷却后浇花,花长势旺盛,花色更艳丽,且花期延长。养鱼缸中换下的废水浇花,可增加土壤养分,促使花卉生长。

17. 醋的妙用

北方莳养南方花卉,向盆土中浇水时掺适量食醋,可促进磷、铁等微量元素的吸收,防止枝叶黄化病。用 40%左右的醋溶液喷叶和花蕾能使光合产物累积增多,花朵增大,叶更葱绿,花更鲜艳。施过有机肥的盆花放在室内会有腥臭味,如果浇入适量的醋液既能消除异味,又能使土壤杀菌消毒。棉球蘸些食醋揩花叶,可令介壳虫、红蜘蛛、蚜虫等骚动不安,然后扫下来消灭之。喷洒碱性药物(石硫合剂、退菌特、福美双等)如发生药害,向枝叶上喷适量醋溶液,可减轻药害。配制或施用碱性药物,用醋水洗手、冲洗器皿,可清除余药,起到消毒作用。

18. 用小苏打溶液来浇花

家庭养花,花卉含苞欲放之际,用万分之一浓度的小苏打溶液浇花,会促使花开繁茂。

19. 啤酒

啤酒养花之所以会有良好效果,是因为啤酒含有大量的二氧化碳,而二氧化碳又是各种植物及花卉进行新陈代谢不可缺少的物质,而且啤酒中含有糖、蛋白质、氨基酸和磷酸盐等营养物质,有益于花卉生长。用适量的啤酒浇花,可使花卉生长旺盛,叶绿花艳,不仅能够使花卉得到充分的养分,而且还吸收得特别快。具体方法是用啤酒和水按 1：50 的比例均匀混合后即可使用。用水和啤酒按 1：10 的比例均匀混合后,喷洒叶片,同样能收到根外施肥的效果。观叶类花木可用脱脂棉或洁净的软布蘸啤酒,轻轻地擦拭叶片。由于叶片能直接吸收营养物质,因此花卉的叶片更加翠绿,并富有光泽,同时叶片的质感也显得肥厚。在花瓶中倒入 1/10 的啤酒,能使插花姿色更加光彩照人,并可延长数天的观赏时间。

家庭自制花肥,在应用时要掌握"薄肥淡施"的原则,适当稀释,适量施用,切忌施用过量。沤制肥料时,一定要等到里面浸出来的肥水变成了黑颜色完全腐熟后,才可倒出来掺水(大约 9 份水加 1 份肥水)施用,不可用生肥,否则会造成烧根。

六、浇水

水是一切生物生命活动不可缺少的物资,花木在进行光合作用、呼吸作用、蒸腾作用等过程中,都需要有充足的水分。对养花来说,浇水是一件最经常、最主要的管理工作,花卉生长健壮与否,花开得繁荣与否,很大程度上取决于浇水是否合理,土壤过于干燥,花卉就会萎蔫,甚至枯死;土壤过于潮湿,则会发生烂根死亡,因此,盆栽花卉尤其要注意浇水。

(一)花卉对水分的要求

花卉对土壤湿度和空气湿度的要求与其原产地的生态环境有密切的关系。原产于热带雨林的花卉需水较多,原产于干旱、沙漠地区的花卉需水较少。根据花卉对水分要求可分为以下几类。

1.旱生花卉

此类花卉耐旱性强,需要空气相对湿度 60％左右,耐旱而不耐涝,能忍受较长期空气或土壤干燥而继续生活,浇水过多易引起烂根,因此,浇水应掌握"宁干勿湿"的原则。此类花卉在外部形态上和内部构造上都有许多特征来适应干旱的环境,如叶片变小或退化成刺毛状、针状,或肉质化;表皮层角质层加厚,气孔下陷;叶表面具厚茸毛以及细胞液浓度和渗透压变大,根系比较发达,吸水力强等。此类花卉多数原产于炎热干旱地区的仙人掌科、景天科等多浆花卉。

2.湿生花卉

此类花卉适宜在水分供应充足的条件下生长。水分供应不足则花卉生长不良,甚至整株死亡。养护此类花卉应掌握"宁湿勿干"的原则,经常保持土壤潮湿而不积水,空气相对湿度在 80% 左右。如龟背竹、海芋、玉簪、虎耳草、热带兰类、蕨类和凤梨科植物等。

3.中生花卉

此类花卉对水分的要求介于以上两者之间,既不耐干旱又不耐渍水,但在湿润的土壤中生长良好,需要空气相对湿度 70% 左右。土壤过分湿润或过分干燥均会影响此类花卉的生长和观赏效果,因此,浇水应掌握"干湿相间"的原则。在花卉生长期间,盆土不干不浇,浇则浇透。但有些种类的生态习性偏于旱生花卉的特征,另一些种类则偏于湿生花卉的特征。大多数露地花卉属于此类。常见的中生花卉有叶子花、桂花、含笑、扶桑、米兰、白兰花、茉莉、棕榈、棕竹、文竹、吊兰、君子兰等。

(二)浇水方法

浇水是花卉日常养护中一项最基本的工作,也是一项较难掌握的工作。俗话说得好:"活不活在于水,长不长在于肥",可见浇水是否合理是养花成败的关键。浇水看似简单,但如果不讲科学,方法不当,会影响花卉的生长和观赏效果。下面介绍几种常用的浇水方法。

1.浇水

浇水即用浇壶、水杯等容器由上往下浇水,此种浇水方法简便易行,在施用了颗粒性肥料和化肥后,用此种方法浇水效果较好。但在浇小苗和叶面时要注意套上喷头,否则水流过大会冲倒小苗及冲刷盆土。另外要注意,用此法给盆花浇水时,不要将胶管直接套在直接套在自来水龙头上,因为自来水中含氯,且水温低,这些均不利于花卉的生长;同时水压太大,冲击盆土及花卉,造成盆土流失及幼嫩植株严重受损,也不易控制浇水量。正确的做法应该是将水放置于容器或蓄水池中,贮存1~2天后,待水中的氯气完全挥发后再用。

2. 吸水

吸水即是把花盆放入水槽或浅水缸内,让盆土及植株自盆底的排水孔吸水,待水分吸足后将花盆移走。此法的优点是能使花卉吸水充分,并且防止盆面土壤板结。可用于小粒种子播种和小苗分苗后的花盆浇水,这样可以避免冲跑小粒种子和幼苗,保持盆面平整。

3. 喷水

喷水即用喷壶、喷雾器等向花卉的叶面浇水,这样既可以增加空气湿度,降低温度,又可以冲洗掉植株叶面上的尘土。通常夏季天气炎热、干燥时应定期给花卉喷水,尤其是对原产于热带、亚热带雨林的花卉非常重要,但是在冬季和花卉休眠期应少喷或不喷。对于一些怕水湿及叶面有茸毛的花卉,如大岩桐、蒲包花、秋海棠等,则不能进行叶面喷水,以免造成腐烂。另外还有一些花卉的花芽和嫩叶不耐水湿,也不宜进行叶面喷水。

(三)浇水的技术要点

花卉生长的好坏,在一定程度上取决于浇水的适宜与否。其关键环节是如何综合自然环境因子、花卉的种类、生长发育状况、生长发育的不同时期、具体的环境条件、花盆的大小以及培养土的成分等各项因素,科学地确定浇水次数、浇水时间和浇水量。下面介绍浇水技巧。

1. 花卉种类不同，浇水量就会不同，即要看花浇水

花卉种类不同，其生态习性各异，因此对水的要求不一样。对湿生的花卉，如蕨类、马蹄莲、海芋等，浇水应"宁湿勿干"，但盆中不能积水。对中生花卉如月季、杜鹃、茶花、米兰等应掌握"间干间湿"的原则。对稍耐旱的花卉，如蜡梅、枸杞、石榴、橡皮树、松树等到要掌握"干透浇透"的原则。对仙人掌及多浆类植物则应"宁干勿湿"，待盆土彻底干透再浇。总之要根据花卉喜干还是喜湿来区别对待。

2. 花卉的不同生长时期对水分的需求不同

同一种花卉在不同的生长发育阶段需水量有差异，因此应依据花卉的不同生长时期区别对待。种子发芽期，需要较多的水分，以便于透入种皮，利于胚根的抽出，并供给种胚必要的水分。幼苗期花卉的根系较弱，在土壤中分布较浅，抗旱力极弱，必须保持湿润，但对四季秋海棠、大岩桐等一些苗很小的花卉，应用细孔喷壶喷水，或是用吸水法来供水。在花卉生长旺盛阶段需水较多，要多浇水，浇水量要充足。开花期亦不宜多浇，通常开花前浇水量要予以控制，盛花期可适当增多，但不能过量，否则会造成落花落果。种子成熟期要求空气干燥，以便于种子成熟。休眠期要少浇，当花卉进入休眠期时，应根据花卉的不同种类减少或停止浇水。

3. 花卉在不同的季节对水分的需求有很大差异

下面介绍花卉在不同季节需水的一般规律，但实际养护过程中还应具体情况具体分析。春季天气渐暖，花卉开始恢复生长，通常需水量比冬季增多，应注意加大浇水量。夏季花卉需水量较大，花卉应每天浇 1 次，放置庭院露地的盆花，夏季雨水较多时，应注意盆内勿积雨水，可在雨前将花盆向一侧倾倒，雨后要及时扶正。秋季天气转凉，浇水量比夏季要适当减少，放置庭院露地的盆花，其浇水量可减至每 2～3 天浇水 1 次。冬季室内的盆花每 4～5 天浇水 1 次，处于休眠期的花卉要少浇水甚至不浇。

4.浇水时,看天气阴晴、温度和湿度高低、花盆种类、植株大小、盆土质地和墒情等

在炎热、干燥的环境下,花卉需水较多,宜勤浇水;而在严寒的冬季,气温低,花卉生长慢,蒸腾量小,浇水要少些。瓦盆和沙质土壤排水、通气性好,水分蒸发快,宜勤浇水;而紫砂盆、陶瓷盆、塑料盆及黏质土壤水分消耗慢,两次浇水的时间间隔应长些。另外,盆小植株较大者,盆土干燥较快,浇水的次数应多些;相反,盆大植株小的,应少浇水。晴天多浇,气温低或阴天要少浇,因为这种天气水分蒸发慢,下雨天,即使淋不着雨的盆花也暂时不要浇,因为空气中的水分大。

5.水质和水温

按水中含盐类的状况可分为硬水和软水。硬水中含有较多钙、镁、钠等盐类,不适于浇灌盆栽花卉,尤其不适于原产热带、亚热带的花卉。软水中含盐类较少,适于浇灌盆栽花卉。浇花的水质以雨水和雪水最好,河水、塘水次之,一般花卉用自来水也无大碍,但对兰花等比较娇气、敏感的花卉则不能直接用自来水浇,需将自来水放在容器内存放几天,让水中的氯气挥发后方可使用。浇花忌用油污或含洗涤剂的水。家中的淘米水稍加储存,稀释后可使用。水质的另一个问题是水的酸碱度,在北方地区,水质偏碱,如长时间用这种水浇花,花卉就难以长好,尤其是喜酸的花卉。可在水中加入少量的磷酸二氢钾、硫酸亚铁等降低水的碱性,这样施肥、改善水质一举两得。

浇水的水温和土温接近为好,温差不宜超过 5℃,否则会伤根,冬季以水温比土温略高为好,用雪水浇花时,应待雪水温度接近室温时才可以使用。

6.浇水的时间与次数

浇水的时间及次数要根据季节和温度的变化以及花盆和植株的大小来掌握,原则上:初冬至早春,宜在午后浇水,浇水量视环境

温度而定,一般在家庭无暖气情况下 7～10 天浇 1 次,甚至更长时间浇 1 次。春季至初夏,花卉开始萌动生长,气温也逐步升高,上午 10 时和下午 4 时前后浇水,浇水由 2～3 天 1 次,过渡到 1～2 天浇 1 次。盛夏在气温 30℃以上时,宜早 8 时左右,下午 5 时左右浇水,1 天 2 次,早晨的水不必浇透,以喷水为主。立秋至初冬,气温逐渐降低,宜午后 4～5 时浇水,浇水由 1 天 1 次,逐步降为 2～3 天 1 次。冬季应在中午前后浇水,浇水的次数应根据室内温度而定,温度较低的室内每 4～5 天浇水 1 次,处于休眠期的花卉要少浇水甚至不浇。

　　以上是晴好天气、室外盆花浇水的一般情况。在阴雨天或室内花卉要照此标准浇水就会过量。家庭中摆放在窗口和客厅角落的花卉需水量区别很大。浇水具体要看环境的光照、通风、温度、花盆的大小等因素。但最终都要以盆土干不干为浇水依据,而不能硬套几天浇一次水的条条框框。

(四)盆土干湿的判断方法

　　1. 敲击法

　　用手敲击花盆中部盆壁,如发出比较清脆的声音,表示盆土已干,需要浇水;若发出沉闷的浊音,表示盆土潮湿,可暂不浇水。

　　2. 目测法

　　用眼睛直接观察盆土表面的颜色,黑褐色表明不需浇水,灰白色则需浇水。

　　3. 指测法

　　将手指轻轻地插入盆土约 2 厘米深处,感觉粗糙或干燥、坚硬,表示盆土已干,需立即浇水;若略感潮湿、松软,表示盆土湿润,可暂不浇水。

　　4. 捏捻法

　　用手捏土壤成片或团则不需浇水;如呈粉末状,表示盆土已干,需立即浇水。

5.植株的状况

花卉植叶萎蔫下垂的，表明已经缺水，应立即浇水。

(五)给盆花浇水应注意的问题

(1)盛夏中午忌浇水。

(2)见干才浇，浇则浇透，浇透不浇漏。

(3)水质最好用雨水，其次是河水和池塘水。

(4)自来水需放置1～2天，才可用来浇花。

(5)水温和土温相差5℃时，最好将水放在容器中晾晒数小时，待两者温度接近时再用。

(6)淘米水和鱼缸换下的水比自来水好。

(7)含有油污及洗涤剂等之类的水不可用来浇花。

(8)叶面有毛的花卉，不宜用喷壶浇水。

(9)盛开的花朵，不宜多喷水。

(10)忌浇"拦腰水"，即浇水量只能湿润表土，而下部是干的，造成下部根系缺乏水分。

(11)浇水后盆土半干时应进行松土。

七、盆花整形修剪

盆花整形修剪是盆花栽培管理中的一项很重要的工作。因为及时地对盆花进行适度的整形修剪可以使盆花生长均衡，株形整齐美观，便于植株积累养分，使老枝得以更新，利于新芽、新叶的形成，开花良好，花期长，既可以增加观赏价值，又可以使枝条分布均匀、株形矮化、通风透光、减少病虫害的发生。因此，整形修剪是保持盆花具有良好观赏效果的重要措施。

(一)整形修剪的方法

整形的形式多种多样，通常有单干式(如独本菊、单干大丽花等)，多干式(如海棠、石榴、桃花、梅花等)，丛生式(如棕竹、南天竹、凤尾竹等),垂枝式(如悬崖菊、常春藤等),无论采取哪种方式,均应根据花卉的生态习性,结合人们的喜爱和情趣,通过艺术加工处理,细心琢磨,精心养护,经整形修剪,创造出各种姿态各异的造型,以增加盆花的观赏效果,达到预想的目的。整形修剪包括摘心、抹芽、摘叶、疏花、疏果、剪枝等工作。

1. 摘心

盆花摘心是在花卉生长过程中,适时地用手或剪刀除去嫩梢的生长点,破除植株的顶端优势,促进多生侧枝,控制盆花徒长,使植株矮化,株形圆满,开花整齐,达到株冠丰满美观的目的。如一串红、四季海棠、一品红等都是用摘心来整形,为了取得良好的效果,可连续 2～3 次摘心。大立菊能在一株上开花 3 000 余朵,就是反复摘心的结果,此外,摘心也可抑制生长,延迟花期。一串红不摘心,9 月初即可开花,经过几次摘心后可将花期推迟到国庆节。

2. 抹芽

抹芽是在花卉生长期中,用手将花卉基部或干上生长出的多余的腋芽、嫩枝抹去。盆花抹芽一方面可以避免多余的芽消耗养分,另一方面如不及时抹掉这些多余的不定芽或花蕾,它常常萌发过多的枝条,扰乱树势,影响株形,需要及时抹芽的盆花种类较多,如月季、杜鹃、扶桑等。

3. 剪根

剪根多是在每年春季移植、换盆时进行,将老根、死根剔除,或疏掉一些须根,同时还可剪短过长的主根,促进新根的发生。对于观花、观果的盆栽花卉,如因徒长而不开花结果,可适度剪根,削弱吸收能力,抑制营养生长,以促进花蕾之形成,进而促进开花结果。剪根通常在休眠期进行,但在植株过分徒长时,在生长期也可以行剪根。

4.疏花疏果

盆花的疏花疏果是在花卉的生长期中用手将多余的花蕾和过多的果实摘掉。盆花疏花疏果的目的是：一是摘除花果，利于集中养分，使花朵大而鲜艳，果实累累；二是对于幼龄的花木或生长衰弱的观果植物，全部摘除花蕾、幼果，不让其开花结果，贮存积累营养，为翌年更好地开花结果做好准备。如茶花，将一个枝条上过多的花蕾疏除，择优保存，以达到开花大而花朵鲜艳的目的。

5.支架与诱引

盆栽花卉中有的茎枝纤细柔长，有的是攀缘性植物，对于这类盆栽花卉，为了达到整齐美观，都应当立支架。在支架的同时，也起着诱引枝条向某一指定的方向生长的作用。通过支架诱引达到理想的株形的盆栽花卉种类很多：如绿萝、小苍兰、香豌豆、仙人指、蟹爪兰等。通过支架与诱引可使枝叶分布均匀，利于通风透光，也可引诱枝条向某个方向生长。支架可为单柱式、几何图形式（半圆形、椭圆形、矩形等）、微形、螺旋形及其他形式。支架应选用粗细适当、光滑美观的材料，如 8 号铅丝、细芦苇、细毛竹等。

6.绑扎与捏形

绑扎与捏形法多用于草本盆栽花卉，它是我国传统的花卉整形技艺，常利用盆花的枝条，通过造型技艺，把整株花卉绑扎捏形成为动物、鸟类、字样等各种形态，让整株花卉形成崭新的株形，令人赏心悦目。

"七分管、三分剪"，是一条重要的养花经验。通过修剪，可使花木的枝条分布均匀，节省养分，减少消耗，调节树势，控制徒长，从而使花木株形整齐，姿态优美，达到多开花、多结果的目的。因此，盆花的整形修剪，不论使用哪一种方法，都是利用盆花的枝条，通过修剪造型技艺，把盆花的植株造成最理想的株形，以提高盆花的观赏效果。

（二）修剪的时期

盆花的修剪时期应根据花卉的种类、长势等确定多长时间修剪一次、修剪的具体时间和方法。生长快的间隔时间短,生长慢的间隔时间可长些,有的甚至需要半个月修剪一次。

修剪要选适宜的时间,掌握正确的修剪方法。花木的修剪一年四季都可以进行,但通常分为生长期修剪(夏季)和休眠期修剪(冬季)两种。具体操作时,应根据盆花的习性、耐寒程度和修剪目的决定。夏季修剪主要是在生长期,时间范围是从春季萌发新梢开始,到秋末停止生长为止。在此期间只能做局部的轻度修剪,剪掉枯萎或折断的枝条,从而保持株形的整齐、优美。而冬季修剪是指休眠期的修剪,时间范围是从秋末枝条停止生长开始,到翌年早春顶芽萌发前为止。此期间修剪较重,修剪的重点是根据不同种类的花木生长特性进行疏枝和短截。修剪时要因种类而异,区别对待。凡是在春季开花的花木,如梅花、碧桃、连翘、迎春、丁香、紫荆等,花芽都是在前一年生的枝条上形成的。因此,冬季不能重剪,只能剪除无花芽的秋梢。如果在冬季修剪过重,就会把夏季已形成的带有花芽的枝条剪掉,影响第二年开花。正确的做法是在开花后 1～2 周内进行短截,促进侧枝萌发成新梢,形成翌年的花枝。凡是在当年生枝条上开花的花木,如月季、扶桑、茉莉、一品红、夜来香、紫薇、金橘、佛手、木芙蓉,应在冬季重剪,促其翌年多萌发新梢、多开花、多结果。对于观叶花木,应根据冬季室温来决定修剪的时间,如果室温较低,则应在入室前修剪,以便缩小冠幅,减少占地面积;如果室温较高,应在翌年出室时修剪,以免刺激腋芽在冬季萌发而抽生新梢,消耗营养。对于萌发力较弱的花木,如松柏类,重剪后很难恢复,一般不要重剪。藤本花木一般不需要修剪,只剪除过老和密生弱枝即可。

八、家庭盆栽花卉病虫害防治

家庭盆栽花卉比较嫩弱,抵抗力较差,容易感染病虫害。盆花因不良环境条件的影响而发生的病害为生理性病害,因有害微生物侵染而造成的病害为侵染性病害。病虫害的发生不仅影响花卉的生长发育,而且使叶片变色、变形、形成病斑或缺刻,严重影响观赏价值。因此,家庭盆栽花卉一定要做好病虫害防治工作。

(一)常见病害及其防治

1.黄化病

黄化病又名缺绿病,为生理性病害,多发生于喜酸性土壤的花卉。其发病原因主要是由于缺铁造成的,盆土中的铁元素在碱性土中变成不溶性铁,不能被花卉吸收,或是土壤中缺乏铁元素。北方多数地区土壤及水中含盐碱的成分较多,致使北方地区土壤偏碱性,常常造成植株生理缺铁而导致黄化病。

发病症状:受害的病株叶片初期发黄,后是乳白色斑点,以致全部变成黄白色,尤以新叶表现得最为明显,严重时叶片组织坏死而呈褐色,影响光合作用正常进行,若不及时治疗可发展至整株枯死。

防治方法:

(1)使用酸性培养土。

(2)喷灌雪水或雨水。

(3)常年施用矾肥水或发酵的淘米水等。

(4)花卉生长期每半个月叶面喷施一次 0.2%的硫酸亚铁溶液。

(5)使用全元素复合化肥。

2.白粉病

白粉病在高温、潮湿、通风差的地方发病较多。可为害月季、蔷薇、玫瑰、大丽菊、凤仙花、绣球花、菊花、木香等多种花卉。

发病症状：白粉病菌为害后，在叶片、枝条、花柄和花芽等部位的表面长出一层白粉状物。受害植株枝条畸形，不开花或开畸形花，严重时植株死亡。病菌丝在枝叶上越冬。春天气温达18～25℃时，菌丝就开始生长，产生大量孢子传播为害。

防治方法：加强栽培管理，适当增施磷、钾肥，使植株生长健壮，增强抗病力。植株发芽前可将发病枝、叶和芽剪去烧掉，清洁环境，减少传播媒介。在发病初期可喷洒50％多菌灵可湿性粉剂800～1 000倍液，或70％托布津1 000倍液。发芽前喷洒3～4波美度石硫合剂，或1：2：(100～200)的波尔多液。

3. 斑点病

斑点病多由细菌侵染所致，是为害花卉的一类普遍性病害。

发病症状：病害发生在叶片，病害初出现时为淡褐色小点，后逐渐扩大为圆或不规则形病斑，直径1～5毫米。病斑边缘红褐色，中央暗褐色至灰白色。后期在病斑上产生散生或聚生的黑色小粒点，此即病原菌分生孢子器。发病严重时，病斑间可相互连接形成大斑，造成叶片上部枯死。

防治方法：

(1) 培育壮苗，提高植株的抗病能力。

(2) 加强栽培管理，种植时宜选择土层深厚，带微酸性沙质壤土，周围环境应通透光；新叶展开时，适当剪除下部老叶；适当增施有机肥，以增强树势，提高抗病力。

(3) 发现病叶及时剪除并焚烧。

(4) 发病初期可喷1：1：200波尔多液，或75％百菌清可湿性粉剂600倍液，或50％托布津可湿性粉剂800～1 000倍液，每隔10天左右喷1次。喷药次数视病害发展情况而定。

4. 炭疽病

炭疽病主要为害叶片，也为害茎部。

发病症状：发生于叶片上，发病初期在叶片上呈现圆形、椭圆形红褐色小斑点,后期扩大呈深褐色病斑,中央则由灰褐色变成灰白色,边缘则呈紫褐色或暗绿色,边缘有时有黄晕,最后病斑转成黑褐色,并产生轮纹状排列的小黑点。为害茎时,在茎上产生圆形或近圆形的病斑,呈淡褐色,其上生有轮纹状排列的黑色小点。常发生于叶缘和叶尖,严重时,致使叶子的大部分枯黑死亡。

防治方法:

(1)选用抗病的优良品种。

(2)发病初期剪除病叶并及时焚烧,防止扩大;避免放置过密,经常保持通风透光。

(3)发病初期喷洒50%多菌灵可湿性粉剂700～800倍液,或50%炭福美可湿性粉剂500倍液,或75%百菌清500倍液。

5.灰霉病

灰霉病是花卉生产中最常见的病害之一,在花卉的生长季节经常发生,尤其在冬、春棚室内的花卉生长期间,致病菌可以侵染植株地上任何部分。严重时可引起大量落花、落叶,影响植物开花,降低观赏价值,对花卉品质和产量造成很大危害。

灰霉病为害多种草本、木本花卉,如丽格海棠、新几内亚凤仙、仙客来等达50种以上。

发病症状:该病为害叶片、花、花梗、叶柄以及嫩茎,也为害果实。使叶片、花腐烂,嫩茎折断。灰霉菌侵害叶片,往往在叶缘或叶尖处出现暗绿色水渍状斑,并不断向叶内扩展,湿度大时造成褐色腐烂,其上长满灰色霉状物;湿度变小时,发病部位变成褐色、浅褐色、枯黄色等干枯状(因花卉种类不同而异)。花瓣上出现褐色、浅褐色、白色等水渍状斑块(因花卉种类不同而异),继而腐烂。嫩茎或含水量高的茎上出现褐色斑块,温、湿度合适,病斑上、下、左、右扩展很快,使病部发生褐色腐烂,枝、茎秆折断或倒伏,病部以上部分萎蔫、枯萎死亡。发病严重时整株死亡。无论花卉的哪个部分发病,在高湿条件下,病部长出灰色霉状物是它们的共同特征,也是该病的重要症状。

防治方法：

用药剂对此病的防治目前还没有特效药，应以预防为主，抓准时机进行药剂防治。

(1)发病前和发病初期，用1：200波尔多液喷洒，每2周1次。

(2)发病后及时剪除病叶，并喷洒药剂进行防治。一般使用保护性杀菌剂，如50％速克灵1 000～2 000倍液、50％多霉灵1 000倍液、50％多菌灵500～800倍液，65％代森锌可湿性粉剂500～800倍液等多种，通常每隔7～10天喷1次。喷药应细致周到，用药时间最好在上午9时以后，并避免高温和阴雨天气用药。在喷药时，宜多种药剂交替使用，防止出现抗药性。

(二)常见虫害及其防治

1. 蚜虫

蚜虫又称"蜜虫"、"腻虫"，是为害花卉的主要害虫。为害多种花卉，其中吊兰、兰花、文竹、天门冬、四季秋海棠、一品红、罗汉松、黄杨等花卉最易受害。蚜虫对气候的适应性较强，分布很广、体小、繁殖力强，种群数量巨大。夏季4～5天就可繁殖一代，1年可繁殖几十代。由于大量繁殖，嫩叶、嫩茎、花蕾等组织器官上很快布满蚜虫，使危害加重。蚜虫以刺吸式口器刺吸植株的茎、叶，尤其是幼嫩部位，吸取花卉体内养分，常群居为害，造成叶片皱缩、卷曲、畸形，使花卉生长发育迟缓，生长停滞，甚至全株枯萎死亡。蚜虫的分泌物不仅直接为害花卉，而且还是病菌的良好培养基。从而诱发煤污病等进一步为害花卉。蚜虫寄主复杂多样，危害期长，并且还是传播病毒病的主要媒介，必须及早、连续、彻底防治。

防治方法：

在日常生活中可以用鲜辣椒或干红辣椒50克，加水30～50克，煮0.5小时左右，用其滤液喷洒受害植物有特效。或者用洗衣粉3～4克,加水100克,搅拌成溶液后,连续喷2～3次,防治效果达100%。用"风油精"加水600～800倍溶液,用喷雾器对害虫仔细喷洒,使虫体上沾上药水,杀灭蚜虫及介壳虫等害虫的效果都在95%以上,而对植株不会产生药害。也可将洗衣粉、尿素、水按1∶4∶100的比例,搅拌成混合液后,用以喷洒植株,可以收到灭虫、施肥一举两得之效。

药物防治:选用10%吡虫啉可湿性粉剂1 000倍液、2.5%蚜虱立克乳油3 000倍液、2.5%蚜虱立克乳油3 000倍液加农药伴侣1 000倍液、20%康福多浓可溶剂8 000倍液、70%艾美乐水分散剂20 000～30 000倍液、25%阿克泰水分散粒剂5 000倍液、3%莫比朗乳油1 000～1 500倍液、21%增效氰马乳油3 000倍液、2.5%功夫乳油4 000倍液、10%联苯菊酯乳油3 000倍液、20%灭扫利乳油3 000倍液、40%乐果乳油1 000倍液、80%敌敌畏乳油1 000倍液、25%喹硫磷乳油600～800倍、40%乙酰甲胺磷乳油1 000倍液、50%二嗪农乳油1 000倍液、50%辛硫磷乳油1 000倍液、20%速灭杀丁乳油3 000倍液、50%杀螟松乳油1 000倍液或50%抗蚜威可湿性粉剂2 000倍液(对瓜蚜无效)等喷雾防治,重点喷蚜虫喜欢聚集的叶背面和幼嫩部位。

2.介壳虫

介壳虫主要有黄片盾介壳虫、咖啡硬介壳虫、粉介壳虫。主要寄生在植株叶片上,以刺吸式口器深入植株的气孔,吸取营养。初孵化幼虫在植株各部位爬行,找适宜部位固定下来危害吸食汁液,有些种类发生在叶片的背面,有些则发生在叶片正面,严重发生时会在心叶寄生,多发生在高湿、通风不良和阳光不足的栽培场所。

防治方法:

(1)少量发生时用软毛刷蘸水刷除虫卵,用小刀刮杀或用布蘸煤油抹杀,或将发生部位剪除,并移出烧毁。

(2)介壳虫发生较多时,喷施50%速灭松乳剂1 000倍液,或

50％马拉松乳剂 800 倍液,或 44％大灭松 1 000 倍液,以及氯氟氰菊酯 1 000 倍液,每 7～10 天喷施用 1 次,连续 3 次。或喷洒 80％敌敌畏乳剂或 40％氧化乐果乳剂 1 000 倍液进行防治黄片盾蚧。

3. 白粉虱

在通风不良的室内发生。通常群集寄生在植株上,严重时整片叶、植株上都会布满粉虱,其繁殖力很强,会导致花卉腐烂。

危害症状:白粉虱成虫和若虫以口器在叶被刺入叶肉吸取汁液而使叶片卷曲,退绿发黄,甚至干枯。另外,白粉虱排出大量的蜜露,污染茎叶引起煤污病,叶上发生一层黑霉,影响开花和观赏价值。

防治方法:

白粉虱一旦发生,很难防治,所以一定要在预防上做好准备。利用橘黄色塑料板,上涂抹凡士林,置于花盆旁边,人工轻轻摇动,以诱杀成虫,并定期更换凡士林;室内门窗及室外养护均应设防虫网,避免携带进入。

可用 5％溴氰菊酯乳油 1 500 倍液,每 10 天喷 1 次,连续喷 3～5 次,可杀灭幼虫。家庭防治可采用人工捕杀,或用烟草浸泡水防治。

4. 红蜘蛛

红蜘蛛很小,卵圆形,白绿色(有时棕红色)是透明的虫子,常发生在温室中。1 年发生 10 多代,以卵越冬,越冬卵一般在 3 月初开始孵化,4 月初全部孵化完毕,10 月中下旬开始进入越冬期。卵主要在土块缝隙间、杂草基部等地越冬,3 月初越冬卵孵化后即离开越冬部位,向寄主转移为害,初孵化幼螨在 2 天内可爬行的最远距离约为 150 米,若 2 天内找不到食物,即可因饥饿而死亡。

危害症状:红蜘蛛为害植株时会将细胞内容物吸尽,使细胞退绿,最后使幼叶和芽枯萎。同时它也为害花烛的老叶,使老叶变黄,为害严重时,会使老叶出现黄色缺绿症,佛焰苞片上也会出现褐色斑点,使红掌的叶片与花朵变色,生长受抑制或变畸形。

防治方法:

防治红蜘蛛要抓住早春3~4月份。红蜘蛛成、若螨平均每叶2头,或50％叶片有虫时治。防治红蜘蛛可用专用的药剂,种类很多:20％三氯杀螨醇800倍液,或三氯杀螨醇200倍液,它对螨类卵、若虫及成虫都有很强大杀伤力;0.2~0.3波美度的石硫合剂;75％克螨特乳油1 500~2 000倍液;20％绿威乳油1 200倍液;50％除螨灵1 000倍液。喷药时注意叶面叶背和叶基部都要全面到位,以免残留的螨虫继续繁殖为害。

(三)简易家庭盆花病虫害防治方法

1. 烟灰水

烟草含有烟碱(又称"尼古丁"),对害虫的毒力很强,对蚜虫、蓟马、叶蝉等都有效。

制备方法:用碎烟叶粉1千克,浸泡在10千克左右的开水中,盖住容器盖子,待不烫手时,用手反复揉搓几次后,捞去烟叶渣,另将0.4~0.5千克生石灰化在5千克左右的水中,待成石灰乳后,滤去渣滓与烟叶水并在一起,临用时用粗布一起过滤一遍,再把总水量加到35千克左右,即可应用。使用时喷洒在有蚜虫、蓟马等害虫的植株上。其有效成分是烟碱,石灰起加快和提高药效的作用。也可用吸剩下的烟头,取烟灰缸内的烟头50~100只,连同烟灰加水200~300毫升,浸泡一昼夜后,反复捣烂,用稀纱布滤去渣滓后喷施。

2. 肥皂水

肥皂对害虫的防治作用,主要是堵塞害虫的呼吸器官(气孔),使害虫窒息而死。因肥皂水表面张力小,容易黏附各种虫体,为此对多种细小害虫,如蚜虫、蚧虫等均有防效。

配制方法:用一般洗衣肥皂1份,加水50~60份,先将肥皂用小刀切成薄片,放入盆或桶等容器内,再用热开水冲入搅拌,待溶化冷却后即可喷施。

3.洗衣粉水

洗衣粉又称肥皂粉,另外还有多种洗涤精等都有治虫作用,治虫原理和肥皂一样。如连续喷洒几次,还可将一些害虫的排泄物或已造成的煤污洗净。

配制方法:洗衣粉1份,加水300～400份,将洗衣粉加入水中,稍加搅拌或振荡,待均匀溶化后即可喷施。

4.蛋油乳剂

以蛋清为乳化剂,将油类乳化分散在水中。蛋清又是一种胶粘剂,不仅具有堵塞有害生物气孔的作用,还能使细小害虫黏着固定而死。晴天中午效果最好。

配制方法:鸡(鸭)蛋(去蛋黄食用,留蛋清)1只,普通食用油2～3毫升,水200毫升。先配成蛋清水,再加入食油,上下振荡,在液面看不到油花时,即可喷施,不宜存放。

5.皂荚水

皂荚树很普遍,其老熟荚果中含有皂苷素和生物碱,治蚜虫的效果很好。

配制方法:用1份皂荚加10～15份水,先将皂荚捣烂,再加适量水,用手揉搓去掉渣滓,用时将余水全部加入,即可喷施。

6.面糊水

面糊水有很强的黏固作用,可用来防治叶螨类。如在晴热天气时,阳光下喷施,对叶螨的防治效果很好。

配制方法:用1份面粉加50～60份水,先将面粉调湿,再用开水冲熟、稀释,不能结块有疙瘩,待冷却后即可在中午喷施。此外,还可在煮大米粥、小米汤或稀饭时取米汤喷施,同样有效。

7.韭菜

取500克韭菜捣烂,加水3千克搅匀,榨后过滤得汁,可喷杀盆花的蚜虫,还能防治锈病。

8. 姜

捣烂取汁,对水约 20 倍,能抑制花卉腐烂病、煤烟病和其他病菌孢子的萌发。

9. 葱

取葱 500 克捣烂成渣,加水约 4 千克,过滤后喷洒可杀死盆花的蚜虫,并可防治白粉病的蔓延。

10. 花椒

用花椒 50～200 克,熬成原液,施用时加水 10 倍稀释,用来喷在受螟虫、白虱、介壳虫危害的盆花上,杀虫效果甚佳。

11. 辣椒

将辣味强的青、红辣椒籽捣烂后加入 10 倍水,喷雾于受蚜虫或椿象虫危害的盆花,杀虫效果好。用辣椒籽掺石灰一半研成细末喷于植株上,亦可杀灭蚜虫及椿象虫。

12. 洋葱

洋葱外层和葱尖、葱叶,剁成碎末,榨取原液后,再对水约 1 倍,每隔 3～5 天喷 1 次,连续喷 3 次,可杀灭红蜘蛛。

13. 大蒜

用大蒜 500 克,捣成蒜液,使用时加水 7.5 千克喷洒,可杀死软体害虫和虫卵,亦可防治月季、玫瑰、蔷薇的白粉病。

14. 苦楝水

苦楝树又名紫花树,在其叶、果内含有苦楝素,可防治蚜虫、蓟马、叶蝉等害虫。

配制方法:先将苦楝叶捣碎后挤出汁液,去掉叶渣,再加入 10～15 倍水,搅匀后即可喷施;苦楝果应先捣烂,再放入容器内煮开,滤去果皮、果核等渣滓,再加入适量水后即可喷用。

15. 蓖麻叶水

蓖麻叶对害虫有麻醉作用,对蓟马等小害虫有良好的防治效果。

配制方法:1份蓖麻叶加5份水,先将叶撕碎捣烂,再加入清水搅拌,滤去渣滓,即可喷施在有虫盆花上,可连续喷几次。

16. 槿桐叶水

木槿和青桐的叶内含有大量胶质,在少量水内揉搓,即有黏液出现。这种黏液对防治叶螨有很好的效果。

配制方法:1份木槿或青桐叶加5份水,先将木槿或青桐叶尽量扯碎,反复揉搓,再将叶渣去掉,用适量水稀释。一般50克鲜叶,可配制200毫升黏液,可喷20厘米直径盆花七八盆。

第三节　家庭盆栽花卉的繁殖方法

家庭盆栽花卉种类繁多,其繁殖方法也不尽相同,主要有有性繁殖、无性繁殖。

一、有性繁殖

有性繁殖又叫种子繁殖,即指利用花卉通过有性生殖产生的种子,培育出新个体的过程。通常把通过有性繁殖所获的苗木称为实生苗。有性繁殖具有简便易行、繁殖系数大、苗木根系强大、生长健壮、适应性强、寿命长等优点。种子比较容易保存与交换,也便于流通。有性繁殖后代常发生变异,为培育新品种提供了材料,是花卉育种的主要手段之一。有性繁殖的缺点是从播种到实生苗开花结实或长成一定规格的商品苗所需的时间较长。如玉簪需2~3年,君子兰4~5年,郁金香8~9年,桂花达10年。另外,有性繁殖后代的变异,使其不能完全保持母株原有的优良性状。此法多用于一、二年生草本花卉。

(一)种子的采收和贮藏

1. 种子的采收

花卉种类不同、同种花卉的不同品种,其种子的成熟期也各不相同。花卉的种子应在成熟后及时采收。种子成熟通常从形态上来判断,采收种子成熟的标志是种子表现出本品种所具有的种子形态、大小、色泽。种子的成熟通常分为形态成熟和生理成熟,但有些种子具有生理后熟期,在采收后仍需一段时间才能完全成熟。为了保证种子的质量,在理论上,采收的种子越成熟越好。但在实际中,还需考虑种子特性和脱落等因素来决定采收时期。一些大花序及小粒的种类,应在大多数种子成熟时将整个花序剪下来;对于大粒种子,通常在果实开裂时,立即自植株上收集或脱落后由地面上收集;易于开裂的干果类和球果类种子,一经脱落则不易采集,因不能及时干燥而易在植株上萌发,从而导致品质下降的,一般在果实将开裂时,于清晨空气湿度较大时采收;对于开花结实期长,种子陆续成熟脱落的,宜分批采收(如一串红);对于成熟后挂在植株上长期不开裂、亦不散落者,可在整株全部成熟后,一次性采收。采收的种子分别晾晒、清理干净,然后装入小纸袋,并分别注明种或品种名称、采收日期等。

2. 种子的贮藏

清理干净的干种子一般需贮藏至播种季节。贮藏的环境条件影响种子的寿命。种子贮藏的目的是为了保存种子的生活力,延长种子的寿命,对于短命种子尤为重要。贮藏的基本原理是在低温、干燥的条件下,尽量降低种子的呼吸强度,减少营养消耗,从而保持种子的生命力,延长其寿命。贮藏的适宜条件因不同的花卉种类而异,但对于多数草本花卉种子而言,种子宜在低温(2~5℃)、阴暗、干燥、透气的条件下贮藏。

常用的贮藏方法有干、湿藏和气调贮藏,依种子的不同特性,主要是种子的安全含水量的高低来选择。

(1)干藏法:干藏适合于安全含水量低的种子。常用的干藏方法有普通干藏法、密封干藏法、低温干藏法、超干贮藏法。

普通干藏法是不控温、不控湿的贮藏方法,是最简便易行、最经济的贮藏方法。通常将自然风干的种子装入纸袋、布袋或纸箱中,置普通室内通风处贮藏。大多数花卉,尤其不需长期保存的种子及硬实种子均可采用此法贮藏。采用这种方法不适宜长期贮藏,在低温、低湿地区效果较为适宜。

密封干藏法是将充分干燥的种子放在密封、绝对不透湿的容器中,加入适量的吸水剂,如硅胶、氯化钙、生石灰、木炭等,保持容器的干燥,进行贮藏的方法。这种方法能长时间保持种子的低含水量,可延长种子的寿命,是近年来普遍采用的方法。

低温干藏法是将充分干燥的种子置于 0～5℃ 的低温条件下贮藏的方法。干燥的种子在低温下容易保持种子的生活力。可将干种子装入布袋、纸袋,置于 0～4℃ 冰箱内保存,但应注意防潮。

超干贮藏法是将种子的含水量降低到传统的 5% 安全含水量下限以下,在不造成种子损伤的前提下,在常温下的临界值进行贮藏的方法。降低含水量可以降低呼吸消耗,延长种子寿命。此方法对油脂型种子较为适宜。

(2)湿藏法:湿藏法适用于种子的安全含水量较高,不适宜进行干藏的种子。常用的方法有层积湿藏法和水藏法。

层积湿藏法是将种子与湿沙(含水 15%),按重量 1∶3 的比例交互作层状堆积,同时给予适当低温(秋冬季进行或 0～10℃ 以下)的贮藏方法。除适于安全含水量高的种子贮藏外,这种方法贮藏还可打破种子休眠。

水藏法是将某些水生花卉的种子,如睡莲、王莲的种子直接于水中进行贮藏的方法。这些花卉种子只有在水中才可保持其发芽力。

(3)气调贮藏法:气调贮藏法是将种子置于低氧或完全为氢、氮或 CO 气体的环境中贮藏的方法,其原理是种子在低氧的环境中呼吸消耗减少,寿命延长。但也有发现,某些种子在氧中贮藏效果更佳。即使在理想的贮藏条件下,贮藏时间越长,种子的发芽能力越低,苗越弱。

(二)种子的选择与处理

种子的质量是培养优质花卉种苗的重要条件,因此,采购种子应注意种子质量。应精选成熟、粒大、饱满、洁净、无病虫害的种子。

为促进种子迅速萌发、出苗整齐一致,应在播种前对种子进行适当处理。播前处理的目的是保证种子出苗快、全、齐、壮。针对不同的种子类型,常采用不同处理方法。

1. 浸种处理

发芽缓慢的种子,播种前可先浸入水中,使种子充分吸足水分膨胀,然后稍阴干后播种,使发芽迅速整齐一致,一般有以下三种方法。

(1)冷水浸种:大多数花卉的种子,在播前无需做特殊处理。但为促进吸水,促进萌发,通常对其进行浸种催芽。目的是使种子充分吸水。大多数种子用冷水(0～30℃)浸种即可,时间为12～24小时,适于种皮较软的种子。

(2)温水浸种:对于种皮较厚的种子,如仙客来、文竹、君子兰、旱金莲、牡丹、芍药等,需用水温40～60℃,浸种时间为12～24小时,待发芽后再播种。

(3)热水浸种:对于种皮坚硬不易透水的种子,如合欢、紫荆、槐等,需用水温70～100℃的热水浸种,时间24小时,一般细小的种子不采用此种方法。

2. 脱蜡处理

有些种子种皮表面含有蜡质,蜡质和胶质会影响种子对水分的吸收,从而抑制其萌发。在播种以前用碱水进行浸泡,一般用草木灰加水浸泡即可,如玉兰的种子。

3. 机械处理

对于一些种皮非常坚硬的种子,吸水、透水都非常困难,可用机械的方法使种皮破碎。可用锉或刀磨伤或刻伤,或用沙砾磨破种皮,以增加种皮对水分和气体的通透性而易于吸水发芽。如美人蕉、荷花、黄花夹竹桃、凤凰木、蜡梅等。

4.化学处理

对于种皮坚硬吸水力极差的种子,可采用化学药物的腐蚀作用来破坏种皮,改善种子的吸水透气状况,从而促进种子的萌发。常用的药物有强酸(硫酸、盐酸)、强碱(氢氧化钠)、强氧化剂(双氧水)和激素类(赤霉素)等。处理的浓度及时间依花卉种类的不同而异,待种皮变软后,及时用清水处理干净,以免发生药害。

对于要求在低温和湿润条件下完成休眠的种子,应采用低温层积法处理。牡丹等花卉的种子有上胚轴休眠的特性,经过沙藏处理的种子,可以正常发根出芽。没有经过处理的种子,播种当年可以长出幼根,但必须经过低温阶段,上胚轴才能伸出地面。

(三)播种

1.播种期及播种方法

家庭盆栽花卉种类较多,播种期各不相同。播种时间大致为春、秋两季,通常春播时间在2~4月份,秋播时间在8~10月份。家庭栽培受地理条件限制,没有大的苗床,均采用盆播,如有楼下庭院,也可采用露地撒播、条播。最经济的做法是盆播,出苗后移植。盆播在播种前将盆洗刷干净,盆孔填上瓦片,在盆内铺上粗沙或其他粗质介质作排水层,然后再填入过筛的细沙壤土,将盆土压实刮平,即可进行播种。

细小的种子可进行撒播,即均匀地将种子撒在已湿透的盆土表面,然后轻轻压紧盆土,再薄薄覆盖一层细土,覆土深度为种子直径的1~2倍。并用细眼喷壶喷水,或于播种前用浸水法将播种盆坐入水池中,下面垫一倒置空盆,水分由底部向上渗透,直浸至整个土面湿润为止,使种子充分吸收水分和养分。然后将盆面盖上玻璃或薄膜,以减少水分蒸发。撒籽宁稀勿密,可混入一定量与种子大小相当的细沙或细土。当种子细小且量又较少时可用条播法进行播种,即开沟条播。一些大粒种子如凤仙,可以一粒粒地均匀点播,然后压紧再覆一层细土,覆土深度为种子直径的2~3倍,种子间距因花卉不同而异,一般为2~5厘米。

2.播后管理

播种到出苗前,土壤要保持湿润,不能过干过湿,早、晚要将覆盖物掀开数分钟,使之通风透气,白天再盖好。一旦种子发出幼苗,立即除去覆盖物,使其逐步见光,不能立即暴露在强光之下,以防幼苗猝死。幼苗过密,应该立即间苗去弱留强,以防过于拥挤,使留下的苗能得到充足阳光和养料,苗壮成长。间苗后需立即浇水,使留下的幼苗根部不致因松动而死亡,当长出1~2片真叶时,要及时间苗,以免幼苗因过密而造成徒长。间苗后需立即浇水,以确保分出的苗能尽快恢复生长。当幼苗长至4~5片真叶时,即可进行上盆或定植。

二、无性繁殖

无性繁殖即营养繁殖,是利用植株的个别营养器官通过分割、分株、嫁接、压条、组织培养等方法进行繁殖。其优点是成苗快、开花结果早;变异小,一般都能保持母体的特征特性。缺点是根系发育程度较差,对环境的适应能力较弱;寿命较短;繁殖系数低;嫁接时植株的生长状况受砧木的影响较大;操作较为复杂,一般用于不易产生种子的种类。其中组织培养繁殖方法在家庭中难以进行,在此不予以介绍。

(一)分生繁殖

分生繁殖指利用植物自然产生的特殊的变态器官进行繁殖的方式,通常包括分株繁殖和分球。分生繁殖方法简便,容易成活且成苗很快,是最简单、最可靠的繁殖方式,在花卉的繁殖上被广泛采用。分生繁殖所得苗木称为分生苗。分生繁殖常用的器官有根蘖、茎蘖、吸芽、珠芽、走茎、匍匐茎、鳞茎、球茎、根茎、块茎、块根等。

1. 分株繁殖

分株繁殖即是将花卉的根蘖、茎蘖、吸芽、珠芽、走茎、匍匐茎等从母株上分割下来,或将母株分割成数丛,另行栽植,培养成新植株。这种繁殖方法是盆栽花卉中应用广泛、操作简便而可靠的繁殖方法。分生繁殖分为分株、分吸芽、分走茎等几种类型。

分根蘖或茎蘖繁殖:有些花卉的根部或茎部产生的带根萌蘖,它们常带有自己的根,将这些带根蘖芽切割下来另行栽植即可。主要用于二年生或多年生宿根花卉,还有一些蕨类植物,能产生茎蘖的文竹、万年青、芍药等,产生根蘖的丁香、福禄考等。

分吸芽繁殖:有些花卉在根际或地上茎的叶腋间自然萌生出的短缩肥厚、呈莲座状的短枝,将这些短枝分割下来进行栽植。主要用于一些灌木类和室内观赏植物,如凤梨类、花叶万年青、芦荟、景天、苏铁、鱼尾葵等。

分珠芽繁殖:有些花卉具有的特殊形式的芽,将这些芽掰下来即可栽植。主要用于可产生珠芽的百合属植物,如卷丹、沙紫百合。

分走茎繁殖:某些花卉的叶丛中抽生的节间较长的花茎,具顶芽,可将其取下来另行栽植。主要用于吊兰、翠鸟兰(燕尾)、趣蝶莲等花卉。

分匍匐茎繁殖:某些观赏植物的基部长出的一种变态茎,茎上具多个节和节间,可将这些变态茎切割下来另行栽植。主要用于产生匍匐茎的观赏植物,如虎耳草、香堇、吊竹梅、鸢尾、竹子及禾本科草坪草。

　　分株繁殖一般是在早春花卉新芽萌发之前进行。此时分株可减少对新芽的损伤。但春季开花的花卉多在秋季进行分株,比如芍药和牡丹。

　　对于易产生萌蘖的花卉,可直接用利刀将带根的蘖苗从母株上切割下来,另行栽植,使之长成新植株。对于丛生型花卉,可用利刀将其切割成 2～3 丛,每丛均带有完整的根系,分别栽植成为新的植株。凤梨类、花叶万年青以及景天、芦荟等多肉花卉,常自茎基部生出吸芽,在其下部自然生根,可用利刀切割下来,稍晾干伤口后再行栽植,以免伤口腐烂。

　　在分割重新栽植后应及时浇水,在半阴、湿润和温度较高的地方栽培一段时间,待花卉的根系恢复生长后再按常规进行管理。

　　2.分球繁殖

　　球茎、块茎和鳞茎类盆栽花卉,每年都能在母株上长出一些新的子球,将母株所形成的新球分离出来,另行栽植,长成新植株,即为分球繁殖。此法方便简便,又能保持母本的特征特性。仅适合于球根花卉,如唐菖蒲、郁金香、百合、风信子、花叶芋、马蹄莲等。

　　块根类分株繁殖:如大丽花的根肥大成块,芽在根茎上多处萌发,可将块根切开(必须附有芽)另植一处,即繁殖成一新植株。

　　球茎类分球繁殖:此类花卉茎缩短肥厚,成为扁球状或球状,如唐菖蒲、郁金香、小苍兰、晚香玉等。将球茎上自然分生的小球进行分栽,培育新植株。一般很小的子球第一年不能开花,翌年才开花。母球因生长力的衰退可逐年淘汰,根据挖球及种植的时间来定分球繁殖季节,在挖掘球根后,将太小的球分开,置于通风处,使其通过休眠以后再种。

　　根茎类分株繁殖:此类花卉具有水平横卧的肥大地下根茎,如美人蕉、荷花、竹类,在每一长茎上用利刀将带 3～4 芽的部分根茎切开另植。

鳞茎类分球繁殖:此类花卉产生由鳞片状叶组成的球状变态茎,如水仙、郁金香、风信子、球根鸢尾、水仙、朱顶红、石蒜、葱兰等。将鳞茎上的自然分生小球进行分栽,培育新植株。

块茎类分球繁殖:某些球根花卉产生块状变态茎,如仙客来、大岩桐、马蹄莲、球根秋海棠等,将这些块挖出来进行栽植。

有些自然增殖球根性能差的种类,如欲获得多量的球根,可用分割法抑制大球根的发育,使其产生不定芽形成小球。不同的球根花卉具有不同的习性。水仙、郁金香等鳞茎类球根花卉,每年能在老球茎基部形成一个大的鳞茎和几个小的鳞茎,大鳞茎栽植后,当年即能开花,小鳞茎需要培育 2～4 年才能开花。唐菖蒲等球茎类球根花卉,一个老球茎可产生 1～4 个大球茎及多数小球茎,大球茎栽植后当年即能开花,小球茎需要培养 2～3 年才能开花。美人蕉等根茎类球根花卉,可依据根茎上的芽数分割成数段再行栽植,无论根段大小,当年均能开花。马蹄莲等块茎类,可把地下块茎分割成几段进行栽植。大丽花等块根类,分割时每块必须带根茎部分,因其芽均着生在接近地表的根茎上。

分球繁殖多在花卉休眠期进行,植株地上部分枯萎后,将母球和子球一起取出,将大小不同规格的母球和子球分别晾干后保存,待栽种时分别种植。

(二)插扦繁殖

插扦繁殖是利用花卉的营养器官能产生不定芽和不定根的特性,将根、茎、叶、芽等的一部分或全部作为插穗插入基质中,在适宜的环境条件下,使之生根、发芽形成一个完整独立的新植株。扦插繁殖的特点繁殖材料充足,产苗量大;成苗快,开花早;能保持母体植株固有优良特性(少数种类除外,如金边虎尾兰)。此法的缺点是扦插苗的根系发育较弱,寿命较短。

扦插繁殖应掌握好以下技术环节。

1.扦插时期

扦插繁殖的适宜时期,因花卉的种类和所在地的气候特点而异。一般草本花卉对扦插繁殖的适应能力较强,除喜冷爽的花卉不适宜于夏季扦插外,多数可在春、夏、秋三季扦插,在温暖的地区可以一年四季进行。通常木本花卉适宜在枝条积累养分最多的时期扦插。就温度条件而言,落叶木本花卉适宜扦插的温度条件为15～25℃,常绿木本花卉适宜的温度为20～30℃。

2.扦插的种类和方法

(1)叶插法:叶插法指以成熟的叶作为插条的扦插方法。叶插主要常用于叶片肥大,叶柄粗壮,自叶上易产生不定根、不定芽的草本花卉,如虎尾兰属、秋海棠属、景天科、苦苣苔科、胡椒科的许多观赏植物种类。常见的可用叶插繁殖的有:燕子掌、虎耳秋海棠、绒毛掌、豆瓣绿、落地生根、非洲紫罗兰等。

叶插法通常在生长期进行。依据插条组成,又可分为全叶插与片叶插。全叶插是指以完全叶,包括叶片、叶柄为插穗进行扦插的方法。全叶插通常采用平置法进行,即将叶片平放于扦插基质上使其生根,生根的部位主要是叶脉、叶缘和叶柄基部等部位。采用全叶插的观赏植物主要有:蟆叶秋海棠、落地生根、非洲紫罗兰、豆瓣绿、虎尾兰等。

片叶插是指用不完整的叶作插穗的扦插方法。扦插时可以平置,也可直插,即将插穗直立地插入扦插基质中。生根的部位主要在被截断的叶脉处、叶片基部或叶缘处。一般是将叶面剪成三角形小块,每片含有一段主叶脉,扦插后,在每一块叶片上形成不定芽,之后不久在叶脉的基部发生幼小植株。可用片叶插的观赏植物有:蟆叶秋海棠、大岩桐、虎尾兰(落地生根)等。

(2)叶芽插:又称单芽插。一枚叶片附着叶芽及少许茎的一种插法,介于叶插和枝插之间。茎可在芽上附近切断,芽下稍留长一些,这样生长势强、生根壮。一般插穗以 3 厘米长短为宜。橡皮树、花叶万年青、绣球花、茶花都可采用此法繁殖。

(3)枝插法:因取材和时间的差异,又分为硬枝扦插、嫩技扦插和软枝扦插等类型。

硬枝扦插:落叶后或翌春萌芽前,选择成熟健壮,组织充实,无病虫害的一、二年生枝条中部,剪成 10 厘米长左右,3~4 个节的插穗,剪口要靠近节间,下端剪成斜口,以利排水,插入土中。适于的花卉有落叶树、针叶树以及许多落叶的木本花卉,如芙蓉、紫薇、木槿、紫藤、银芽柳等。

嫩枝扦插:即当年生嫩枝插。剪取枝条长 7~8 厘米,下部叶剪去,留上部少数叶片,然后扦插,如菊花、一品红、天竺葵、海棠等。

半硬枝插:主要是常绿花木的生长期扦插。取当年生半成熟枝梢 8 厘米左右,去掉下部叶片留上部叶片 2 枚,插入土中 1/2~2/3 即可,如桂花、月季等。

软枝扦插:指利用当年生的发育充实的嫩枝扦插的方法。软枝扦插可用于半木本观赏植物,如月季、夹竹桃等。在草本花卉上也广泛应用,又称为草枝扦插,草本花卉的枝条永不会变成木质,插条很易生根。常用软枝扦插的草本花卉有一串红、彩叶草、冷水花、大丽菊、凤仙、鸡冠等。

植株的幼嫩部分通常比成年部分更易生根,因此对许多花卉来说,比较适宜进行软枝扦插。

(4)根插:用根作为插穗繁殖新苗,仅适用于根部能发生新梢的种类。一般用根插时,根越大则再生能力越强。通常根的粗度不应小于 2 厘米。于秋冬休眠期,掘根沙藏,翌年春季扦插,适宜温度 10～16℃,在扦插时应注意极性,不能"倒插"。根的粗细不同,可采取不同的形式。

细嫩根类:剪成长 3～5 厘米,撒播于基质上,覆沙、遮阳并保湿。

肉质根类:剪成 2.5～5 厘米长,使上端与沙面平齐或稍稍露出。如东方牡丹、东方罂粟、霞草、牡丹等。

粗壮根类:许多乔灌木,其根系比较粗壮,剪成 10～20 厘米长的插穗,插时横埋于土中,深 5 厘米,如凌霄、锦鸡儿、金丝桃、蔷薇、丁香、紫藤、香花槐、文冠果、丝兰、凤尾兰等。

3.扦插后的管理

插后的管理:扦插后的管理主要是勿过早见强光,遮阳浇水,保持湿润。根插及硬枝插管理较为简单,勿使受冻即可。软枝、半硬枝插,宜精心管理,保持盆土湿润,以防失水影响成活。发根后逐步减少灌水,增加光照,新芽长出后施液肥 1 次,植株成长后方可移植。此外,在整个管理过程中,要注意病虫害防治和除草松土。扦插后,用喷壶喷 1 次透水,然后用塑料薄膜覆盖,以保温保湿。通常从以下几个方面进行管理。

温度:对大多数花卉,扦插基质的温度在 20～25℃为宜。温度过低,则生根缓慢或不能生根成活;温度过高,插条容易腐烂。自然条件下,在春、秋两季进行扦插为宜。

湿度:扦插基质的含水量宜控制在 50%～60%。空气相对湿度在 80%～90%,嫩枝扦插要求空气湿度更高些。

光照:插床要遮阳,使其接受散射光,防止日光直射。

插条生根后,应逐渐减少喷水,降低温度,增加光照,以促进插条根系的发展。及时除花蕾,减少营养消耗。注意打药,防止病虫害的发生。当插条的新根长至 1.0～1.5 厘米时,即可进行移栽,移栽的过程中要防止断根。

4.影响扦插成活的因素

(1)插条(插穗):插条本身的质量是决定扦插成活与否的一个重要因素。成活前,其营养主要来自于插条本身贮存的养分,如果碳水化合物含量高,则成活率高。一般一年生或当年生枝条成活率高,而多年生(如 2～3 年生)枝条再生能力弱,成活率较低。插条可带部分叶片,以提供养分,但不能太多,防止蒸发。

(2)温度:插条生根的温度应较栽培时所需的温度高 2～3℃。插条所需温度因花卉种类不同而异,一般植物为 20～25℃,喜高温的热带植物则在 25～30℃时生根良好。一般基质的温度较气温高 3～5℃时对生根最为有利(原因是基质温度高于气温,可促使插条先生根后发芽,使吸收水分大于蒸腾,因而容易成活)。

(3)湿度:包括土壤湿度和空气湿度。

土壤湿度(基质湿度):基质含水量一般保持在 50%～60%,以保持枝条水分吸收与蒸发之间的平衡,并且促进愈伤组织的产生。水分过少,尤其是初期水分过少,不利于愈伤组织的形成;水分过多,通气性差,容易造成插条腐烂不易生根(但特殊的种类可以进行水插如彩叶草、凤仙花)。

空气湿度:为避免插条中水分过分地蒸发,应保持较高的空气湿度,一般以 80%～90%的相对湿度较为适宜。但生根以后,基质的含水量及空气相对湿度要逐渐降低,以利于根系的生长。

(4)光照:扦插繁殖一般不需要过强的光照,通常以散射光较好,因此,在扦插初期需进行遮阳,夏季要遮 70%的光照。但在特殊的情况下可以给以较强的光照,如自动喷雾扦插床上扦插以及全光照弥雾扦插时。

(5)通气:愈伤组织形成及新根萌发时,呼吸作用加强,要求有充分的氧气供应,因此要求基质能经常保持湿润,又能透气良好。扦插的深度不宜太深,否则氧气供应不足,不利于生根。

(6)基质:基质直接影响水分、空气、温度及卫生条件,是扦插的重要环境。理想的扦插基质是既能排水、通气良好又能保温,不带有病虫杂草及任何有毒物质。常用的扦插基质有蛭石、河沙、泥炭、珍珠岩、草木灰、锯屑、碳化稻草等。多浆植物以纯净的河沙较好。

5.多汁多肉类植物扦插时应注意的事项

多汁类如仙人掌科、石莲花属、景天科植物等在扦插时应注意以下事项。

(1)在生长旺盛期进行扦插,极易生根。

(2)应在伤口干燥后扦插,故在插条取下后放置数小时至4～5天,使切口干燥后扦插。伤口干燥后,能防止腐烂,促进生根。

(3)为使伤口迅速干燥,可在伤口涂抹木炭,以吸收伤口的水分。

(4)扦插后不要经常浇水,但蟹爪兰、昙花、令箭荷花等则需要保持一定的湿度。

(5)扦插基质,宜用洁净的河沙。扦插深度应尽量浅,能固定不倒伏即可。

6.家庭水插花卉的技术要点

水插适于繁殖各种龙血树、天南星科观叶植物、茉莉、月季、广东万年青等。水插时选择口径较大的玻璃瓶,洗净后加适量清水,将修剪好的插条的下部插入水中。可用报纸或不透明的材料包住瓶子,放在20℃左右、没有直射光的环境条件下,通常每5～7天换水1次,夏季温度较高,需勤换。一般1个月后可长出新根,待新根长到1～3厘米时可移栽。水插的适宜时期因花卉的种类不同而异。

常绿及落叶木本花卉冬芽形成较早,可以于早春气温稳定在8～15℃后,植株萌芽前扦插,应做到早萌发者早插,迟萌发者迟插。大叶黄杨一年内能多次萌发新芽,可进行多次水插。月季每月都能萌发新芽,在温度条件适宜的条件下四季可进行水插。一、

　　二年生草花,如万寿菊、一串红等可于旺盛生长的夏、秋之间,剪取生长旺盛的嫩枝扦插。天竺葵、冷水花等喜冷凉的夏眠花卉适宜在春、夏之间或秋、冬之间的生长旺盛期剪枝水插。印度橡皮树、木本夜来香等喜温花卉可在夏季高温期水插,以利于快速生根成活。

　　不同花卉的插条在水插前应进行不同的处理。彩叶草、蟆叶秋海棠等阔叶花卉,叶片组织疏松、水分蒸发量过大,修剪插条时需要剪去大部分的叶片,仅保留较小的1～2枚叶片。夹竹桃、橡皮树等的叶片具有较厚的栅栏组织,且叶面有蜡质,水分蒸发量少,应适当多留叶片。雀叶黄杨、细叶石竹等小叶花卉,应适当多留叶片。

　　不同枝条在水插前修剪的方法不同。对于软枝水插的插条必须剪取耐水浸的半木化枝条,并剪除顶部易于失水萎蔫的嫩尖。但对于易生根的草本花卉如万寿菊等也可保留嫩尖部分。对于硬枝水插时,生根缓慢,需要用0.8%～1.0%的高锰酸钾溶液对插条进行消毒灭菌,然后用清水洗净,再行扦插。

　　花卉不同,其适宜的水插方法亦不同。万寿菊、一串红、银柳、月季、栀子、龙爪柳、夹竹桃等花卉生根较快,插条伤口愈合前抗腐能力较强,水插时插条基部不会变黑,可采用冷开水插法,只要瓶水澄清透明,不必经常换水,以利于新根的萌发。桃叶珊瑚、印度橡皮榕等难以生根的花卉,必须采用激素水插法,在冷开水中加入适量的生根激素以促进生根,提高成活率。月季、夹竹桃、旱伞草、一串红、万寿菊等花卉的插条耐水浸,能在水中生根,可采取深水插,即把插条的2/3插入瓶水中。栀子花、黄杨、榕树、八仙花等花卉的插条在深水中不生根或难以生根,应采用浅水插法,只把插条的1/3或1/4插入水中。雀叶黄杨、大叶黄杨、榕树等还可采用气插法,即把盆栽的母株置于水盆的台垫上,外罩一层透光保湿的塑料薄膜,使母株的多年生枝条上产生大量气生根,然后剪取生有气生根的枝条栽植成新的植株。

不同的季节采取不同的管理方法。花卉水插的适温为 20～25℃,因此,早春或晚秋应在低温及明亮的室内进行水插。夏季气温高于 35℃时,水插的插条容易腐烂,必须在空调降温的明亮室内进行水插。迎春、瑞香等耐寒花卉可在早春或晚秋水插,并在增温、保湿设施的室内向阳处进行养护,以利于生根发芽而成活。

不同花卉水插繁殖的扦插苗在移植后采取不同的管理方法。月季、一串红等阳性花卉必须将盆钵放置在阳台的半阴处,早、晚接受 2～3 小时斜射阳光。瑞香、彩叶草等阴性花卉应放置在室内明亮处缓苗,忌阳光直射。旱伞草、南洋杉等湿生花卉在缓苗期要有足够的水湿条件。金鱼草、大丽花等旱生花卉在缓苗期切忌渍水,以利新根生长。另外需要注意:水插繁殖花卉时应用冷开水,换水时同样需用冷开水,以防止生水中有害微生物造成插条腐烂。

(三)压条繁殖

压条繁殖是利用枝条的生根能力,将母株枝条的一段刻伤埋入土中,待其生根后从母株上切下来另行栽植,使之成为一株独立的新植株。其特点是容易成活,能保持原有品种的优良特性。多用于茎节和节间容易自然生根,而扦插又不易生根的木本花卉。压条时间:在温暖地区一年四季均可进行,北方地区多在春季进行。

常用的压条方法有以下几种。

1.高空压条

多用于枝条发根困难(不能扦插繁殖)或基部不易发生萌蘖或枝条太高的花卉,如龙血树、朱蕉、橡皮树、桂花、梅花、米兰、山茶、金橘、含笑、杜鹃、蜡梅等。

高空压条一般在生长旺盛季节进行。具体做法:挑选发育充实的一、二年生枝条,在其下部靠近节的部位进行环剥或刻伤其韧皮部。为促使生根可涂抹一些促进生根的植物生长素。用水藓、泥炭土或其他保湿基质包裹,外面用聚乙烯膜包密,两端扎紧即可。一般植物 2～3 个月后生根,最好在进入休眠后剪下。

2. 埋土压条

将较幼龄母株在春季发芽前于近地表处截头，促生多数萌芽枝。当萌枝高 10 厘米左右时将基部刻伤，并培土将基部 1/2 埋入土中，生长期可再培土 1～2 次，培土深度为 15～20 厘米。至休眠期分出。贴梗海棠、日本木瓜常用此法繁殖。

3. 单干压条

将一根枝条弯下，使中部埋入土中生根，待其生根后从母株上切割下来另行栽植即可。

4. 多段压条

适于枝梢细长柔软的灌木或藤本。将藤蔓作蛇状弯曲，一段埋入土中，另一段露出土面，如此反复多次，一根枝条可以取得几株压条苗。如紫藤、铁线莲属等的繁殖可采用此法。

(四)嫁接繁殖

嫁接是把植物的一部分器官移接到另一植物体上，使之愈合生长为一体而成为新个体。用作嫁接的部分（枝、芽等）称为接穗，承受接穗的植株称为砧木。其特点是成苗快，开花早，能保持原品种优良性状，提高对不良环境条件的适应能力等。但其繁殖量较小，操作比其他方法繁琐，技术要求高，适用于扦插和压条不易成活的种类，以及不产生种子或在当地种子不能成熟的珍贵品种。

1. 嫁接繁殖的方式

依据嫁接的接穗的不同，把嫁接分为枝接、芽接和根接三种类型。

（1）枝接：以枝条为接穗的嫁接方法。依具体的嫁接方法又分为切接、劈接、腹接、舌接、皮下接、靠接、桥接、根接、楔接和锯缝接等方式。枝接常用于木本和半木本花卉，砧木与接穗较粗壮且差异较小的情况。

（2）芽接：以芽作接穗的嫁接方法。通常是将接穗上一块带芽的皮放到砧木相应部位的愈伤组织上。芽接用于砧木或接穗差异较大或接穗较少的情况。按芽是否带木质部分为盾形芽接和贴皮芽接两类。盾形芽接是将芽作接穗削成带有少量木质部的盾形芽片,再接于砧木的各种形状的切口上的方法,采用当年生新鲜枝条后去叶留柄。贴皮芽接时接穗为不带木质部的芽,贴在砧木皮被剥去的部位。依砧木切口形状分为:方块芽接、I 形芽接、环形芽接等。依砧木切口的形式不同又可分为:T 形芽接、倒 T 形芽接、嵌芽接等。

(3)根接:根接是指以根作接穗的嫁接方法。主要用在根系较粗的观赏植物上,如牡丹,以芍药为砧木,嫁接时将芍药根从土中挖出,将牡丹接穗接到其上面,采用劈接法。

2.仙人掌类嫁接

嫁接目的:一是为了繁殖(有些球不能自养);二是为了造型的需要(仙人掌嫁接蟹爪)。嫁接时间:在温室条件适宜的情况下,一年四季均可进行嫁接。嫁接方法:根据接穗和砧木的不同,大致可分为平接、斜接、楔接和插接。

技术关键:

(1)让肉质茎内的髓部相吻合,并要固定好。

(2)要保持较小的空气湿度,或嫁接口不能沾水,以防伤口腐烂,影响成活。

(3)刀具要锋利且消毒。

(4)仙人掌及多肉植物嫁接后,要放置在较阴的地方,不能浇水或少浇水,尤其是伤口不能碰到水。待完全成活后才可移到阳光下进行正常管理。

第二章 适合家庭养护的名优花卉

第一节 观 叶 类

一、变叶木

别名:洒金榕

学名:*Codiaeum variegatum*

科属:大戟科 变叶木属

形态特征:常绿灌木或小乔木;茎直立,多分枝;单叶互生,厚革质;叶形和叶色有很大差异,叶片形状有线形、披针形至椭圆形,边缘全缘或者分裂,波浪状或螺旋状扭曲,甚为奇特,叶片上具有各色斑块和纹路,全株有乳状液体。

生态习性:喜高温、湿润和阳光充足的环境,不耐寒,耐热性强,夏季适宜温度为30℃左右。冬季温度不低于10℃,否则下部叶片易于脱落,叶色不鲜艳,出现暗淡,缺乏光泽。喜湿怕干,生长期应给予充足水分,忌盆土积水,否则易烂根。但冬季低温时盆土应要保持稍干燥。变叶木属喜光性植物,光线越充足,叶色越美丽。土壤以肥沃、保水性强的黏质壤土为宜。盆栽用培养土、腐叶土和粗沙的混合土壤。

繁殖方法：一般用播种或扦插繁殖。

播种繁殖：播种前首先要对种子进行挑选，种子选得好不好，直接关系到播种能否成功。最好是选用当年采收的、籽粒饱满、没有残缺或畸形、没有病虫害的种子。用温热水把种子浸泡12～24小时，直到种子吸水并膨胀起来。

在深秋、早春季或冬季播种后，遇到寒潮低温时，可以用塑料薄膜把花盆包起来，以利保温、保湿；幼苗出土后，要及时把薄膜揭开，并在每天上午的10时之前，或者在下午的4时之后让幼苗接受太阳的光照，否则幼苗会生长得非常柔弱；大多数的种子出齐后，需要适当地把有病的、生长不健康的幼苗拔掉，使留下的幼苗相互之间有一定的空间；当大部分的幼苗长出了3片或3片以上的叶子后就可以移栽。

扦插繁殖：在春末至早秋植株生长旺盛时，选用当年生粗壮枝条作为插穗。选取壮实的5～15厘米的枝条长段，每段要带3个以上的叶节，上、下剪口都要平整。进行硬枝扦插时，在早春气温回升后，选取去年的健壮枝条作插穗。插穗生根的最适温度为20～30℃，低于20℃，插穗生根困难、缓慢；扦插后遇到低温时，保温的措施主要是用薄膜把用来扦插的花盆或容器包起来；扦插后温度太高时，降温的措施主要是给插穗遮阳，同时，给插穗进行喷雾，每天3～5次，晴天温度较高，喷的次数也较多；阴雨天湿度较低，喷的次数则少或不喷。

栽培与养护：变叶木属热带植物，生长适温20～35℃，冬季不得低于15℃。若温度降至10℃以下，叶片会脱落，翌年春季气温回升时，剪去受冻枝条，加强管理，仍可恢复生长。室内应置于阳光充足的南窗及通风处，以免下部叶片脱落。喜水湿，4～8月份生长期要多浇水，同时经常给叶片喷水，保持叶面清洁。生长期一般每月施1次液肥或缓释性肥料。喜肥沃、黏重而保水性好的土壤,培养土可用黏质土、腐叶土、腐熟厩肥等调配。

用途:中型盆栽,陈设于厅堂、会议厅、宾馆酒楼,平添一份豪华气派;小型盆栽也可置于卧室、书房的案头、茶几上,具有异域风情。

二、巴西木

别名:香龙血树、中斑龙血树、龙血树

学名:*Dracaena fragrans*

科属:百合科　龙血树属

形态特征:常绿乔木,株形整齐,茎干高大挺拔,少有分枝。叶簇生于枝顶或茎上部,无叶柄包茎,厚纸质,宽条形或倒披针形,尖稍钝,弯曲成弓形,纯绿色或有黄、白色条纹;叶缘鲜绿色,且具波浪状起伏,有光泽。花白色、芳香。浆果球形、黄色。

生态习性:喜高温多湿,夏季高温时,需适当遮阳,越冬温度不低于5℃。但最好使它在冬季休眠,休眠温度为13℃,温度太低,叶尖和叶缘会出现黄褐斑。喜光,应摆在光线充足的地方,忌阳光直射。若光线太弱,叶片上的斑纹会变绿,基部叶片黄化。高温时,可用喷雾法来提高空气湿度,并在叶片上喷水,保持湿润。喜疏松、排水良好、含腐殖质丰富的土壤。

繁殖方法:主要采用压条和插条的方法进行繁殖。

压条繁殖:在植株茎的适当部位,进行环状切割,环口宽为1.8~2.2厘米,深至木质部,并用小刀剥去环口皮层,用干净湿布擦去切口外溢的液汁,再用白色塑料薄膜扎于切口下端,理顺做成漏斗状,装上用苔藓和山泥土混合配制的生根基质,环包刀口,灌一次透水,扎紧薄膜上端,再把植株置于室外莳养,加强肥水管理。

龙血树高压后,要随时检查基质是否干燥,要随时补充水分。一般经过 30～40 天的培育,环切部位便有新根出现,9～10 月份便可切离母体另行栽培成为一棵独立生长的植株。

扦插繁殖:可挑选观赏价值较高的母株,取其生长 2 年以上的健壮枝条,每段长 10～20 厘米,有叶无叶均可。插穗基部削成平口,上部横切后保留叶片,上、下切口可用清水浸泡洗净外溢的汁液,置于阴凉通风处稍晾一段时间。以后的管理工作,主要是保持基质湿润。龙血树伤口愈合快、生根早,发芽迅速,35～40 天就能萌发新根,2 个月以后,便可用培养土翻盆移栽。

栽培与养护:夏季应多喷叶面,提高空气湿度,叶质会更肥厚,叶色亮丽,不易干尖。冬季要防寒,应保持 8℃ 以上,盆土减少淋水,但经常淋湿地板增加室内湿度,对保持叶片色彩、防止干尖有作用。如果因为摆放在室内,而摆设受损的植株,如果损害不严重,只要搬回产场经过一段时间养护就可恢复。其实只要在茎干上端萌枝下约 2 厘米截除残枝,继续常规管理,一段时间后又可萌出新枝叶。

用途:适合摆放在较宽阔的客厅、书房、起居室内,格调高雅、质朴,是新兴的室内观叶植物。或可小型水养和盆栽,点缀书房、卧室和客厅。寓意坚贞不屈,坚定不移,长寿富贵,吉祥如意。

三、白鹤芋

别名:苞叶芋、白掌、一帆风顺、异柄白鹤芋、银苞芋

学名:*Spathiphyllum floribundum*

科属:天南星科 苞叶芋属

形态特征:常绿草本,株形较小,无茎或茎短小。叶基生,叶柄细长,基部鞘状,叶片长椭圆形,两端长尖,中脉两侧不对称,薄革质,有亮光。花茎直立,高出叶丛;春、夏开花,佛焰苞大而显著,高出叶面,白色或微绿色,肉穗花序乳黄色。

生态习性：喜欢温暖湿润的半阴环境。耐阴性强，忌阳光直射，喜高温、多湿。

繁殖方法：常用分株、播种。

分株繁殖：以 5～6 月份进行最好。将整株从盆内托出，从株丛基部将根茎切开，每丛至少有 3～4 枚叶片，分栽后放半阴处恢复。

播种繁殖：种子的发芽温度为 30℃，播后 10～15 天发芽。如发芽时遇温度过低，种子易腐烂。

栽培与养护：生长适宜温度在 18～28℃，越冬温度不低于 13℃。盆栽用粗颗粒的腐叶土，排水和透气性较好的土壤。生长季节应肥水充足，施肥要薄肥基勤施，不要施用浓肥或生肥，最好以稀薄的肥水代替清水浇灌。叶片生长期应结合叶面喷水；冬季应放置在光照充足处，保持盆土偏干。若长期光照少就会不易开花。气候太干燥，新生叶片会变小，变黄，易脱落。

用途：盆栽点缀客厅、书房，十分舒泰别致。用盆栽白鹤芋列放宾馆大堂、全场前沿、车站出入口、商厦橱窗，显得高雅俊美。

白鹤芋可去除氨气、丙酮、苯、三氯乙烯、甲醛，尤其是针对臭氧的净化率特别高，摆放在厨房瓦斯旁，可以净化空气，去除做饭时的味道、油烟以及挥发物质。

四、常春藤

别名：洋常春藤、英国常春藤

学名：*Hedera helix*

科属：五加科　常春藤属

形态特征：常绿攀缘藤本，茎枝有气生根，幼枝被鳞片状柔毛。叶互生，两型。不育枝上叶先端渐尖，基部楔形，全缘或 3 浅裂；花枝上叶椭圆状卵形或椭圆状披针
形,先端长尖,基部楔形,全缘。伞
形花序顶生;花小,黄白色或绿白
色,芳香;子房下位,花柱合生成柱
状。果圆球形,浆果状,黄色或
红色。

常见栽培品种:加拿大常春藤
(*H. canariensis* Willd.)、日本常春藤(*H. rhombea* Bean)。

生态习性:怕酷热,要放在通风处,适温为20~25℃。冬天须
保持在10℃以上。浇水不宜多,但盆土要保持湿润。夏季要多向
叶面、枝条喷水,增加湿度,有利生长。春、夏、秋三季浇水要间干
间湿,不能使盆土过分潮湿,否则会烂根落叶。生长季节每月施
1~2次薄肥。对土质要求不严,多用肥沃疏松的土壤作基质。

繁殖方法:常春藤可采用扦插法、分株法和压条法进行繁殖。
除冬季外,其余季节都可以进行,而温室栽培不受季节限制,全年
可以繁殖。

扦插法:适宜时期是4~5月份和9~10月份,切下具有气生
根的半成熟枝条作插穗,其上要有1至数个节,插后要遮阳、保湿、
增加空气湿度,3~4周即可生根。匍匐于地的枝条可在节处生根
并扎入土壤,因此,用分株法和压条法都可以繁殖常春藤。

栽培与养护:放置在室内养护时,夏季要注意通风降温,冬季
室温最好能保持在10℃以上,最低不能低于5℃。常春藤喜光,也
较耐阴,放在半光条件下培养则节间较短,因此,宜放室内光线明
亮处培养。若能于春、秋两季,各选一段时间放室外遮阳处,使其
早、晚多见些阳光,则生机旺盛,叶绿色艳。但要注意防止强光直
射,否则易引起日灼病。

生长季节浇水要间干间湿,不能让盆土过分潮湿,否则易引起
烂根落叶。冬季室温低,尤其要控制浇水,保持盆土微湿即可。北

方冬季气候干燥,最好每周用与室温相近的清水喷洗1次,以保持空气湿度,则植株显得有生气,叶色嫩绿而有光泽。家庭栽培常春藤,一般夏季和冬季不要施肥。施肥时切忌偏施氮肥,否则,花叶品种叶面上的花纹、斑块等就会退为绿色。春季易受蚜虫危害,在高温干燥、通风不良的条件下也易发红蜘蛛、介壳虫危害,应及时喷药。

用途:叶有香气,形态优美,可在家中作观赏用。常春藤能有效抵制尼古丁中的致癌物质。通过叶片上的微小气孔,常春藤能吸收有害物质,并将之转化为无害的糖分与氨基酸。但需注意的是,果实、种子和叶子均有毒,孩童误食会引起腹痛、腹泻等症状,严重时会引发肠胃发炎、昏迷,甚至导致呼吸困难等。但茎叶也可当发汗剂以及解热剂。

常春藤花语:结合的爱、忠实、友谊、情感。

五、彩叶草

别名:锦紫苏、洋紫苏、五彩苏、老来少、五色草

学名:*Coleus blumei*

科属:唇形科　锦紫苏属

形态特征:全株有毛,茎为四棱,基部木质化,单叶对生,卵圆形,先端长渐尖,缘具钝齿,常有深缺刻,叶面绿色,有淡黄、桃红、朱红、紫等色彩鲜艳的斑纹。顶生总状花序、花小、浅蓝色或浅紫色。

生态习性:喜温暖湿润、阳光充足、通风良好的栽培环境。要求富含腐殖质、肥沃疏松而排水良好的沙质土壤。夏季要浇足水,否则易发生萎蔫现象。并经常向叶面喷水,保持一定的空气湿度。多施磷肥,以保持叶面鲜艳。忌施过量氮,否则叶面暗淡。要求土

壤疏松肥沃,一般园土即可。耐寒力较强,生长适温 15~25℃,越冬温度 10℃左右,降至 5℃时易发生冻害。喜阳光,但忌烈日暴晒。

繁殖方法:彩叶草采用播种或扦插繁殖。一般 2 月份在温室浅盆中播种,发芽适温 25~30℃,10 天左右发芽。也可扦插,多用于培育优良品种。取茎上部长约 10 厘米的枝条,剪去部分叶片,插入沙盆中,在 18℃的条件下,20 天左右生根。

栽培与养护:彩叶草喜富含腐殖质、排水良好的沙质壤土。盆栽时,施以骨粉或复合肥作基肥,生长期隔 10~15 天施一次有机液肥(盛夏时节停止施用)。施肥时,切忌将肥水洒至叶面,以免灼伤腐烂。彩叶草喜光,过阴易导致叶面颜色变浅,植株生长细弱。幼苗期应多次摘心,以促发侧枝,使之株形饱满。花后,可保留下部分枝 2~3 节,其余部分剪去,重发新枝。彩叶草生长适温为 20℃左右,寒露前后移至室内,冬季室温不宜低于 10℃,此时浇水应做到间干间湿,保持盆土湿润即可,否则易烂根。

用途:室内摆设多为中小型盆栽,选择颜色浅淡、质地光滑的套盆以衬托彩叶草华美的叶色。为使株形美丽,常将未开的花序剪掉,置于矮几和窗台上欣赏。还可将数盆彩叶草组成图案布置会场、剧院前厅,花团锦簇。

六、春羽

别名:春芋、裂叶喜林芋、羽裂喜林芋

学名:*Philodenron selloum*

科属:天南星科　喜林芋属

形态特征:春羽是多年生常绿草本观叶植物。茎极短,叶从茎的顶部向四面伸展,排列紧密、整齐,呈丛生状。叶片宽心脏形、深裂,有深缺刻至二羽裂,呈粗大的羽毛状,叶色浓绿,有光泽;叶柄坚挺而细长。

生态习性:喜温暖、湿润的半阴环境,不耐干燥环境。越冬温度在10℃左右,不能低于5℃。喜生荫蔽,湿润,夏季应经常对叶面喷水,生长期保持盆土湿润,喜肥沃、疏松、排水良好的微酸性土壤。

繁殖方法:繁殖有分株或扦插法。一般生长健壮的植株,基部可萌生分蘖,待其生根以后,即可取下另行栽植。或将植株上部切下扦插成株,老株基部会萌发数个幼芽,这些幼芽即可用作繁殖。

栽培与养护:生长季节可适当施一些淡肥,但不宜过多。平时多向叶面喷水,冬季应适当控制浇水。室外养护应放置阴处,室内应放置在光线明亮处。病虫害较少。不耐寒,盆栽要室内越冬,温度在8℃以上,即可安全越冬。冬季管理要控制水分,盆土见干浇水。夏季高温忌强光直射,应采取遮阳措施。夏季每天应浇2次透水,经常清洗叶面。

用途:羽裂喜林芋叶态奇特,适合盆栽摆放于客厅、大堂等宽敞处,也可水培小株置于案头、窗台等处。

七、垂榕

别名:垂叶榕、细叶榕、小叶榕、垂枝榕

学名:*Ficus benjamina*

科属:桑科　榕属

形态特征:自然分枝少,枝条细弱,小枝柔软下垂。叶椭圆形,叶缘微波状,先端尖。叶革质,浓绿富光泽。幼树期茎干柔软,可进行编株造型。叶片茂密丛生,质感细碎柔和。

生态习性:喜高温、多湿和散射光环境。室内养护要求光线充

足和通风良好。盆栽每 2 年换盆、换土 1 次。以疏松、肥沃、排水良好的沙质壤土为宜。越冬温度一般为 5℃ 以上。

繁殖方法：一般采用扦插繁殖和压条繁殖；扦插繁殖采用嫩枝扦插。

栽培与养护：不可以长时间放置在荫蔽处，否则易引起叶片发黄。室温过低会造成叶片脱落，根部死亡。水分过多会对榕树产生伤害，应采取"间干间湿"的原则。不要经常浇水，浇必浇透。浇水过多，会引起根系腐烂。榕树在北方养护难度较大，家庭要多喷叶面水。榕树的适宜生长温度昼夜温差不宜过大，相差 10℃ 极易落叶死亡。平时要注意放置在通光透光的地方，在夏季要注意适当地遮阳。榕树生长喜肥，但施肥次数多对榕树的生长会造成伤害。

用途：盆栽布置客厅、书房和卧室，也可摆放在宾馆大厅、图书馆的阅览室和博物馆展厅，呈现自然和谐的绿色环境。

八、粗肋草

别名：广东万年青、亮丝草

学名：*Aglaonema modestum*

科属：天南星科　广东万年青属

形态特征：茎直立，肉质，不分枝。茎上有节，茎节状似竹节，节上常残存黄褐色叶鞘。叶丛生，叶片也稍革质、带光泽，叶片椭圆状卵形，边缘波状，具鞘状叶柄。叶面随品种而变化，常有不同的银色或白色斑纹镶嵌，成株能开花，佛焰苞花序。

生态习性：耐阴性强，适于在散射光下生长，喜温暖、湿润的半荫环境，宜荫蔽，忌强烈日光直射，喜高温而空气湿度高的环境,常在叶片喷水,对生长有益;空气干燥时,叶片会失去光泽,变黄。

繁殖方法:通常采用分株法,也可用播种繁殖法。

分株法:一般在2～3月份结合换盆进行,将丛生植株分为带根的数株,另行栽植。其他季节也可以分栽。

播种法:一般在3～4月份进行。播于盛好培养土的花盆中,浇水后暂放遮阳处,保持湿润,约25天即可发芽。

栽培与养护:最适生长温度为18～30℃,忌寒冷霜冻,越冬温度需要保持在10℃以上,在冬季气温降到4℃以下进入休眠状态,环境温度接近0℃时,会因冻伤而死亡。

在夏季应适当遮阳,以及每天2～3次的喷雾。在冬季应搬到室内光线明亮的地方养护;对肥水要求多,但最怕乱施肥、施浓肥和偏施氮、磷、钾肥,要求遵循"淡肥勤施、量少次多、营养齐全"的施肥原则。

盆栽万年青,宜用含腐殖质丰富的沙壤土作培养土。万年青为肉根系,最怕积水受涝,不能多浇水,否则易引起烂根。浇水要做到盆土不干不浇,宁可偏干,也不宜过湿。

用途:适宜美化书房、卧室。全株有毒,误食茎叶会造成口舌发炎、腹泻、胃痛等症状。但植物鲜叶外敷可以治蛇咬伤、咽喉肿痛、小儿脱肛等。

九、吊兰

别名:纸鹤兰、挂兰
学名:*Chlorophytum comosum*
科属:百合科　吊兰属
形态特征:具簇生肉质的须根和根茎。叶基生,条形至条状披针形,狭长,顶端长、渐尖;基部抱茎,着生于短茎上。吊兰抽生走茎，先端均会长出小植株。花莛细长，长于叶，弯垂；总状花序，花白色，可四季开花。

常见栽培品种：

金边吊兰（*C. comosum* 'Marginatum'）：叶片边缘金黄色。

金心吊兰（*C. comosum* 'Medio-pictum'）：叶中心呈黄色纵向条纹。

银边吊兰（*C. comosum* 'Variegatum'）：叶边缘为白色。银心吊兰：叶片的主脉周围具有银白色的纵向条纹。宽叶吊兰：叶片宽线形全缘或微微具有波皱。花莛从叶丛中抽出，花后形成匍匐走茎，可以生根发芽长成为新株，花期春、夏季。蒴果三圆棱状扁球形。

中斑吊兰（*C. comosum* 'Vittatum'）：叶狭长，披针形，乳白色有绿色条纹和边缘。

乳白吊兰（*C. comosum* 'MilkyWay'）：叶片主脉具白色纵纹。

生态习性：原产南非。喜温暖、半阴及空气湿润环境；对光线要求不严，一般适宜在中等光线条件下生长，亦耐弱光，但夏季怕强光；冬季不耐寒，生长适温为 15～25℃，越冬温度不可低于 5℃，否则会发生冻害；耐肥；要求土壤疏松肥沃、排水良好。

繁殖方法：吊兰常采用分株繁殖。一般可于早春分离老株根丛另行栽植，也可于生长季节剪取纤匐枝上带气生根的小植株进行栽植。

栽培与养护：盆土可用 1 份腐叶土、1 份园土、1 份砻糠灰配制。每年早春换盆，可同时进行分株繁殖。养护过程中需肥水充足，其肉质根贮水组织发达，抗旱力较强，但 3～9 月份要经常浇水及向叶面喷雾，以增加湿度；秋后逐渐减少浇水量，以提高植株抗寒能力。如果空气干燥，则生长不良，叶子小而且尖端枯黄。在排水良好、疏松肥沃的沙质土壤中生长较佳。吊兰可常年于光线明亮的室内观赏，除冬季外，其他季节亦可置于室外观赏。春、秋季半阴为好;夏季宜早晚见光,中午避免阳光直射;冬季应多见阳光,越冬室温宜在5℃以上。

用途:吊兰是最为传统的居室垂挂植物之一。其叶美如兰,花莛横伸倒偃,特别适合悬盆观赏,或是摆放在高几、书橱顶部。吊兰具有吸收有毒气体的功能,一般房间养有一盆吊兰,空气中由吸烟及建材散发出的有毒气体,即可吸收殆尽,起到净化空气的作用。吊兰的根和全草可入药,具有清肺、凉血、止血、消肿散瘀等功效。

十、吊竹梅

别名:斑叶鸭跖草、水竹草、吊竹兰
学名:*Zebrina pendula*
科属:鸭跖草科　水竹草属

形态特征:常绿宿根草本。茎节膨大,有分枝,匍匐性,节处生根,茎有粗毛,茎与叶肉质。叶互生无柄,基部鞘状,椭圆状卵形至矩圆形,端尖,全缘;叶面紫绿色而杂以银白色,中部边缘有紫色条纹,下面紫红色。花小,紫红色。

生态习性:喜水湿,生长期每天浇1次水,保持土壤湿润,并给叶面喷水。冬季减少浇水量。生长期每月施液肥1次即可。生长适温10～25℃,越冬温度5℃左右。喜半阴,忌阳光直射,但不宜过阴。适宜疏松肥沃的沙质壤土。

繁殖方法:扦插和分株繁殖,全年都可以进行。扦插法:结合摘心,随时可以扦插,极易生根。分株法:节处生根,生根后即可分离栽植而成新株。

栽培与养护:可吊盆栽培,充分灌水,经常摘心,酌施追肥,使茎叶密集下垂,形成丰满的株形。冬季在温室培养,应光照充分,适当控制浇水,不使其落叶或徒长。

吊竹梅喜温暖湿润环境,耐阴,畏烈日直晒,适宜疏松肥沃的沙质壤土。

春、秋季节宜放在室内靠近南窗附近的地方培养,夏季宜放在室内通风良好具有明亮的散射光处。如长期光照不足,茎叶易徒长,节间变长,开花少或不开花。

吊竹梅要求较高的空气湿度,若空气干燥,叶片常易干,叶尖焦枯。因此,生长季节应注意经常向茎叶上喷水,以保持空气湿度。为保持其枝叶丰满,茎长到 20~30 厘米时,应进行摘心以促使分枝,否则枝条细长,影响观赏效果。

冬季室温保持在 5℃以上即能安全越冬。越冬期间植株处于休眠状态,需水量少,如果这时浇水过多,盆土长期潮湿,极易引起烂根黄叶。冬季应将其放在朝南的窗台上,使其多见阳光。

用途:春、秋季节宜放在室内靠近南窗附近的地方培养,夏季宜放在室内通风良好具有明亮的散射光处。置于高几架、柜顶端任其自然下垂,也可吊盆欣赏。或布置于窗台上方,使其下垂,形成绿帘。

十一、鹅掌柴

别名:手树、鸭脚木、小叶伞树、矮伞树、舍夫勒氏木

学名:*Schefflera octophylla*(Lour.)Harms

科属:五加科　鹅掌柴属

形态特征:常绿大乔木或灌木,栽培条件下株高 30~80 厘米,在原产地可达 40 米。分枝多,枝条紧密。掌状复叶,小叶 5~9 枚,椭圆形,卵状椭圆形,长 9~17 厘米,宽 3~5 厘米,端有长尖,叶革

质,浓绿,有光泽。花小,多数白色,有香气,花期冬春;浆果球形,果期 12 月份至翌年 1 月份。

生态习性:喜温暖、湿润、半阳环境。宜栽于土质深厚肥沃的酸性土中,稍耐瘠薄。生长适温 15～25℃,冬季最低温度不应低于 5℃。在空气湿度高、土壤水分充足的环境下生长良好,对北方干燥气候有较强适应力。

繁殖方法:用播种,扦插或水插繁殖。

播种繁殖:行春播,保持盆土湿润,温度 20～25℃ 条件下,2～3 周出苗。幼苗高 5～7 厘米时移植一次,翌年即可定植。

扦插繁殖:亦于春季进行,剪取一年生枝条 8～10 厘米,去掉下部叶片,扦插于土中,保温保湿,25℃时 4～6 周生根。扦插在塑料花盆里,盆底加托盘,以便接渗出液。每盆插 3 株或单株,扦插后 1.5 个月左右便可生根,插后要经常灌水保持湿润。插后放在室内弱光处,加强肥水管理。

水插繁殖:取大瓶空可口可乐或高脚玻璃瓶、罐头瓶,冲洗干净,里面装满干净的清水,将剪下的鹅掌柴插穗,固定好插入瓶中(插穗底部离开瓶底 1 厘米),每瓶可插 2～3 枝,用透明塑料袋罩好,放于明亮处,温度保持 15～25℃,经 30～35 天,插穗底部长出 0.5～1 厘米长的白根,此时就可移出上盆。

栽培与养护:鹅掌柴喜半阴,在明亮且通风良好的室内可较长时间观赏。室内每天 4 小时左右的直射光即能生长良好。有黄、白斑纹的品种如果光照太弱或偏施氮肥都会使其斑纹模糊,从而失去了原有特征。冬季最低温度不应低于 5℃,否则会造成叶片脱落。新叶将在翌年春天出现。注意盆土不能缺水,否则会引起叶片大量脱落。冬季低温条件下应适当控水。生长季节每 1～2 周施 1 次液肥。每年春季换一次盆,使用塑料容器则要注意排水。盆土用泥炭土、腐叶土、珍珠岩加少量基肥配制。亦可用细沙土盆栽。

　　鹅掌柴生长较慢,又易萌发徒长枝,平时需经常整形修剪。多年老株在室内栽培显得过于庞大时,可结合换盆进行重修剪,去掉大部分枝条,同时把根部切去一部分,重新盆栽。

　　用途:鹅掌柴株形丰满优美,适应能力强,是优良的盆栽植物。适宜布置客厅书房及卧室。春、夏、秋也可放在庭院庇荫处和楼房阳台上观赏。也可庭院孤植,是南方冬季的蜜源植物。叶和树皮可入药。能给吸烟家庭带来新鲜的空气,叶片可以从烟雾弥漫的空气中吸收尼古丁和其他有害物质,并通过光合作用将之转换为无害的植物自有的物质。另外,它每小时能把甲醛浓度降低大约9毫克。

十二、发财树

　　别名:马拉巴栗、瓜栗、中美木棉

　　学名:*Pachira macrocarpa*

　　科属:木棉科　瓜栗属

　　形态特征:常绿小乔木,掌状复叶,树干直立,具有 5～7 片小叶片,小叶呈长椭圆形至倒卵形,枝条多轮生。观赏价值在于优美的树形,尤其膨大的树干更有古朴、苍劲之美。花大,花瓣条裂,花色有红、白或淡黄色,色泽艳丽。

　　生态习性:喜高温、高湿及阳光充足的环境,耐炎热,稍耐寒,生长适温在 20～30℃,越冬温度不低于 5℃,否则会引起落叶,停止生长。喜肥沃疏松、透气保水的沙壤土,喜酸性土,忌碱性土或黏重土壤,较耐水湿,也稍耐旱。

　　繁殖方法:采用扦插和播种繁殖。

　　扦插繁殖:插条选择生长健壮、无病虫害、性状优良的当年生半木质化枝条,剪留长度为6～7厘米,下切口位于叶或腋芽下,切口要光滑,一般每个插条带2个掌叶。注意不要伤及叶片,以利光合作用。

播种法:四季皆可,春天最佳,种子覆不覆土皆可,但覆土时不宜过深。注意浇水保持基质湿度较易发芽。

栽培与养护:发财树养护管理比较简单,新买来的植株,当年不用换盆,不要施氮肥,以防树形偏冠。因其性喜高温湿润和阳光照射,不能长时间阴蔽,室内摆放应置于阳光充足处,且必须使叶正面朝向阳光,否则,由于叶片趋光,会使整个枝叶扭曲,影响观赏。发财树对水分适应性较强,夏季室内3～5天浇一次,春、秋季节5～10天浇一次即可;冬季视室温而定,盆土略潮为宜。

用途:发财树不仅树姿优美,还具有"发财"之意,因此,是理想的室内观赏花卉,可置于卧室、客厅和书房。另外,发财树还有天然"加湿器"作用,可调节室内湿度。即使在二氧化碳浓度较高和光线较弱的环境下,发财树依然能进行高效的光合作用,吸收过多有害气体,提供氧气,对人体健康大有益处。

十三、翡翠珠

别名:一串珠、绿铃、一串铃、绿串株

拉丁名:*Senecio rowleyanus*

科属:菊科 千里光属

形态特征:为多年生常绿蔓性肉质草本植物,垂蔓可达1米以上。叶互生,较疏,呈球状深绿色,肥厚多汁,触土能生根。头状花序,顶生,花白色。

生态习性:翡翠珠喜阳光充足温暖的环境。忌庇荫、忌高温高湿。翡翠珠喜凉爽的环境,适宜生长温度为12～15℃。夏季为休

眠期,应停止施肥,并控制浇水。具较强的抗旱能力,忌水湿,喜疏松透气、排水良好的土壤。

繁殖方法:以扦插繁殖为主。取嫩枝4~6厘米扦插,保持半干燥状态,15~20天可生根。春、秋季扦插易成活,夏季扦插易腐烂。也可分株繁殖,多在春季进行。

栽培与养护:浇水过多或盆土排水不良时容易烂根。夏季应避免高温、高湿,否则极易烂茎死亡,可将盆花置于防雨庇荫处栽培;入秋后,植株恢复生长,应增加光照,并追施液肥。

用途:可用小盆栽植,放于案头、几架,也可做悬垂栽植,枝条悬垂在花盆四周惹人喜爱。此外,翡翠珠可有效地吸收室内环境的有害物质,最常见的有甲醛、苯、氨、聚氯乙烯、氮氧化物和碳氧化物等。另外,可以使室内的负氧离子数量降低。

十四、富贵竹

别名:仙达龙血树、万寿竹、丝带树、开运竹、富贵塔、塔竹

学名:*Dracaena sanderiana*

科属:龙舌兰科　龙血树属

形态特征:常绿小乔木,茎干直立,株态玲珑,茎干挺拔粗壮,上部有分枝,有节。叶互生或近对生,纸质,具短柄,叶长披针形,叶片浓绿,生长强健,水栽易活。伞形花序有花3~10朵生于叶腋或与上部叶对花,花被6,花冠钟状,紫色。浆果近球形,黑色。

生态习性:富贵竹性喜阴湿高温,耐阴、耐涝、耐肥力强,抗寒力强;喜半阴的环境,对光照要求不严,适宜在明亮散射光下生长,光照过强、暴晒会引起叶片变黄、退绿、生长慢等现象。

繁殖方法:一般采用扦插繁殖或者水插。

扦插繁殖:只要气温适宜整年都可进行。一般剪取不带叶的茎段作插穗,长 5～10 厘米,最好有 3 个节间,插于沙床中或半泥沙土中。在南方,春、秋季一般 25～30 天可萌生根、芽。

水插繁殖:入瓶前要将插条基部叶片除去,并用利刀将基部切成斜口,刀口要平滑,以增大对水分和养分的吸收面积。每 3～4 天换一次清水,可放入几块小木炭防腐,10 天内不要移动位置和改变方向,15 天左右即可长出银白色须根。生根后不宜换水,水分蒸发后只能及时加水。常换水易造成叶黄枝萎。水最好是井水,用自来水要先用器皿贮存一天,水要保持清洁、新鲜,不能用脏水、硬水或混有油质的水,否则容易烂根。

栽培与养护:适宜生长于排水良好的沙质土或半泥沙及冲积层黏土中,也可以水养。适宜生长温度为 20～28℃,可耐 2～3℃低温,但冬季要防霜冻。夏、秋季高温多湿季节,对富贵竹生长十分有利,是其生长最佳时期。对光照要求不严,适宜在明亮散射光下生长,光照过强、暴晒会引起叶片变黄、退绿、生长慢等现象。忌强光照直射,暴晒或过干旱易使叶面粗糙,枯焦,生势弱,叶片缺乏光泽,降低观赏价值。

对于水养富贵竹要防止徒长,不要施化肥,最好每隔 3 周左右向瓶内注入几滴白兰地酒,加少量营养液;也可用 500 克水溶解碾成粉末的阿司匹林半片或维生素 C 一片,加水时滴入几滴,即能使叶片保持翠绿(长出根后可不用)。不要将富贵竹摆放在电视机旁或空调机、电风扇常吹到的地方,以免叶尖及叶缘干枯。

用途:可水养布置于窗台、书桌、几架上。

十五、龟背竹

别名:蓬莱蕉、电线兰
学名:*Monstera deliciosa* Liebm.
科属:天南星科　龟背竹属

　　形态特征：常绿攀缘藤本，茎粗壮，高可达 7～8 米，茎上生出多数深褐色气生根。叶二列状互生，幼叶心形，无孔，全缘；叶逐渐增大，成叶宽 60～90 厘米，羽状分裂，厚革质，暗绿色，各叶脉间有长椭圆形或菱形空洞；叶柄有鞘。佛焰苞淡黄色，革质；肉穗花絮，花两性，下部花可育；果实为浆果，呈松球果状，成熟时甜香扑鼻，可供生食。

　　生态习性：喜温暖湿润和庇荫环境，不耐寒，冬季温度要保持 13～18℃，夜间湿度不可低于 5℃；要经常保持环境湿润，不耐干燥；忌强光直射；宜疏松肥沃土壤。4～9 月份应多加大水量，并向叶面喷水，以保持湿润，夏季应放荫棚下栽培。

　　繁殖方法：用扦插法繁殖。于春季从植物顶部剪取插穗，带 2 节，去掉气根，带叶插入盆中，遮阳并保持湿润，在 21～27℃条件下，1 个多月即可生根。也可在夏、秋季节，将侧枝整段劈下来，带部分气生根，栽于木桶和大缸中，易成活且可迅速成型。

　　栽培与养护：龟背竹是典型的耐阴植物，夏季需遮阳，否则叶片老化，缺乏自然光泽，影响观赏价值；切忌阳光直射，以免叶片灼伤。龟背竹喜湿润，但盆栽积水同样会烂根，使植株停止生长，叶子下垂，失去光泽，叶片凹凸不平。浇水应掌握宁湿不干的原则，经常保持盆土潮湿，但不积水。春秋季每 2～3 天浇水 1 次；盛夏季节除每天浇水外，需喷水多次，以保持叶面清新，悬挂栽培应喷水更勤；冬季叶片蒸发量减弱，浇水量要减少。

　　龟背竹是比较耐肥的观叶植物，为使多发新叶，叶色碧绿有自然光泽，生长期每半个月施 1 次肥，施肥时注意不要让肥液沾污叶面。龟背竹为大型观叶植物，茎粗叶大，特别是成年植株分株时，要设架绑扎，以免倒伏变形。

用途：龟背竹能在夜间吸收二氧化碳，也能清除空气中的有害物质——甲醛，起净化空气的作用。常用中小盆种植，置于室内客厅、卧室和书房，也可以大盆栽培，置于宾馆、饭店、大厅及室内，或于花园的水池和大树下，颇具热带风光。叶片还能作插花叶材。

十六、果子蔓

别名：擎天凤梨、红杯凤梨、姑氏凤梨

拉丁名：*Guzmaria lingulata*

科属：凤梨科　果子蔓属

形态特征：为多年生草本。茎短缩，叶莲座状丛生于短茎上。叶薄而柔软，浅绿色，背面微红，革质，有光泽，先端下垂，边缘平滑；叶较多。头状花序高出叶丛，总花茎不分支，花茎、苞片和基部的数枚叶片呈鲜红色，苞片多数。花小白色。

生态习性：喜高温、高湿和阳光充足环境。越冬温度应保持在10℃以上，不耐寒，怕干旱，耐半阴。盆土应保持湿润，莲座叶丛中不可缺水，这样才有利于果子蔓叶丛的生长。生长期需经常喷水和换水。果子蔓对光照的适应性较强。夏季强光时适当遮阳，其他时间需明亮光照，对叶片和苞片生长有利，颜色鲜艳，并能正常开花。要求含腐殖质、排水良好的土壤。

栽培与养护：在高温的生长环境中，尽可能地加强空气对流，以利于它进行蒸腾作用，把体内的温度降下来；给叶面喷雾，随温度升高，次数也要越多。温度较低的时候或阴雨天则少喷或不喷；在低温环境中需用薄膜把它包起来越冬，或搬到有暖气的室内越冬；要求较高的空气湿度，当环境空气相对湿度太低时，枝条会向下垂软,叶片也会向下弯垂,长势也会减弱。

不可放在直射阳光下养护,否则生长十分缓慢或进入半休眠的状态,并且叶片也会受到灼伤而慢慢地变黄、脱落。因此,在夏季需要遮掉一半的阳光。对肥水要求多,但最怕乱施肥、施浓肥和偏施氮、磷、钾肥,要求遵循"淡肥勤施、量少次多、营养齐全"的施肥原则。

繁殖方法:常用分株、播种。

播种繁殖:果子蔓采种后须立即播种。采用室内盆播,播种土必须消毒处理,发芽适温为 24~26℃,播后 7~14 天发芽。实生苗具 3~4 片时可移栽。

分株繁殖:最好是在早春(2、3月份)土壤解冻后进行。把母株从花盆内取出,抖掉多余的盆土,把盘结在一起的根系尽可能地分开,用小刀把它剖开成两株或两株以上,分出来的每一株都要带有相当的根系,对其叶片进行适当的修剪,以利于成活。

分株装盆后灌根或浇 1 次透水。由于它的根系受到很大的损伤,吸水能力极弱,需要 3~4 周才能恢复萌发新根,因此,在分株后的 3~4 周内要节制浇水,以免烂根,每天需要给叶面喷雾 1~3 次(温度高多喷,温度低少喷或不喷)。这段时间也不要浇肥。分株后,还要注意不要阳光过强,最好是放在遮阳棚内养护。

用途:果子蔓苞片色彩醒目,花期长,盆栽适用于窗台、阳台和客厅点缀,还可装饰小庭院和入口处,也可作切花用。

十七、花叶芋

别名:彩叶芋、二色芋

学名:*Caladium bicolor*

科属:天南星科　花叶芋属

形态特征:多年生草本,扁球形块茎,叶柄长而纤细,圆柱形,基部鞘状;叶基生,盾状,先端渐尖,基部心形,叶缘皱,叶纸质,暗绿色,叶面有红色、白色或黄色的斑点;主脉三叉状,侧脉网状;佛焰状花序基出,外面绿色,内面白绿色,基部青紫色;肉穗花序稍短于佛焰苞,具短柄;花期 4～5 个月。

生态习性:喜高温、多湿和半阴环境,不耐寒。适温为 21～27℃;生长期低于 18℃,叶片生长不挺拔,新叶萌发较困难。块茎休眠期若室温低于 15℃,块茎极易腐烂。土壤要求肥沃、疏松和排水良好的腐叶土或泥炭土。

繁殖方法:分株繁殖。秋叶枯萎后保留块茎,翌年春暖分株繁殖,在块茎开始抽芽长叶时,用利刀切割带芽块茎,切面干燥愈合后即可上盆栽植。

栽培与养护:光线太强,叶色模糊、脉纹暗淡,观赏性差;但光线不足,叶也会彩斑变暗,叶徒长,叶柄长,株形不匀称。保持较高的空气湿度,应经常向植株叶片喷水和向花盆周围洒水。生长期还要及时剪除变黄下垂的老叶,如有抽生花茎也要剪除,以便使养分集中,促发新叶。适生于疏松、肥沃、排水良好的酸性土壤中。土壤过湿或干旱对花叶芋叶片生长不利,块茎湿度过大容易腐烂。

用途:可配置案头、窗台。用白色塑料套盆或白瓷套盆则更显高雅。也可作为插花配叶,水养期约 10 天。

十八、花叶万年青

别名:黛粉叶

学名:*Dieffenbachia*

科属:天南星科 花叶万年青属

形态特征:多年生常绿草本,丛生。茎直立,茎干粗圆,节间短。叶柄长,叶聚生茎顶,呈长椭圆形,略波状缘,长 17～19 厘米,宽8～9厘米,叶面泛布各种大理石状斑纹或斑点,边缘绿色,叶顶尖锐。佛焰花序,花序较小,浅绿色,短于叶柄。

常见栽培品种:

大王黛粉叶 *Dieffenbachia amoena* 叶片大,浓绿,主脉两侧有黄白色的,少分枝,萌蘖力强。耐旱,耐寒力比其他种类强。

白玉黛粉叶 *Dieffenbachia* 'Camilla' 叶片中心部分全部乳白色,只有叶缘叶脉呈不规则的银色。

维苏威黛粉叶 *Dieffenbachia* 'Vesuvius'

生态习性:花叶万年青原产南美巴西。喜温暖、湿润和半阴环境。不耐寒,怕干旱,忌强光曝晒。生长适温为 25～30℃,冬季温度不得低于 10℃。栽培土壤以肥沃、疏松和排水良好、富含有机质的壤土为宜。

繁殖方法:花叶万年青的常规繁殖常用分株、扦插繁殖。

分株繁殖:可利用基部的萌蘖进行分株繁殖,一般在春季结合换盆时进行。操作时将植株从盆内托出,将茎基部的根茎切断,待切口干燥后再盆栽,浇透水,栽后浇水不宜过多。10 天左右能恢复生长。

扦插繁殖:以 7～8 月份高温期扦插最好,剪取茎的顶端 7～10 厘米,切除部分叶片,减少水分蒸发,切口用草木灰或硫黄粉涂敷,插于沙床或用水苔包扎切口,保持较高的空气湿度,置半阴处,日照 50%～60%,在室温 24～30℃下,插后 15～25 天生根,待茎段上萌发新芽后移栽上盆。也可将老基段截成具有 3 节的茎段,直插土中 1/3 或横埋土中诱导生根长芽。

栽培与养护:花叶万年青在冬季温度低于 10℃时,如果浇水过多,会引起落叶和茎顶溃烂。低温引起植株落叶,则待温度回升后若茎部未烂,仍能长出新叶。盆土要保持湿润,在生长期应充分浇水,并向周围喷水,向植株喷雾。如久不喷水,则叶面会粗糙无光泽。花叶万年青在明亮的散射光下生长最好,叶色鲜明;光线过强,叶面会粗糙,叶缘和叶尖易枯焦。光线过弱,会使黄白色斑块的颜色变绿或退色。春、秋季每1~2个月施用1次氮肥能促进叶色光泽。温度低于15℃则停止施肥。

用途:可用在客厅、厨房、大堂、出入口、会场等处摆放。需注意的是,本属植物有毒,茎切口分泌的汁液,皮肤接触会引起炎症,入口后会导致肿胀,短时的聋哑。

十九、虎尾兰

别名:虎皮兰、千岁兰、虎尾掌、锦兰

学名:*Sansevieria trifasciata*

科属:百合科　虎尾兰属

形态特征:多年生草本植物。地下茎无枝,匍匐的根状茎。叶簇生,下部筒形,中上部扁平,叶厚革质,叶全缘,表面乳白、淡黄、深绿相间,呈横带斑纹。剑叶生长期内生长点卷曲闭合,呈暗褐色,休眠期舒展。

常见栽培品种:

金边虎尾兰:别名黄边虎尾兰。为虎尾兰的栽培品种。叶缘具有黄色带状细条纹,中部浅绿色,有暗绿色横向条纹。比虎尾兰有更高的观赏价值。

短叶虎尾兰:为虎尾兰的栽培品种。植株低矮,株高不超过20厘米。叶片由中央向外回旋而生,彼此重叠,形成鸟巢状。叶片短而宽,长卵形,叶端渐尖,具有明显的短尾尖,叶长 10～15 厘米,宽 12～20 厘米,叶色浓绿,叶缘两侧均有较宽的黄色带,叶面有不规则的银灰色条斑。叶片簇生,繁茂。

银短叶虎尾兰:为虎尾兰的栽培品种。株形和叶形均与短叶虎尾兰相似。叶短,银白色,具有不明显横向斑纹。

金边短叶虎尾兰:别名黄短叶虎尾兰,为短叶虎尾兰的变种。除叶缘黄色带较宽、约占叶片一半外,其他特征与短叶虎尾兰相似;叶短,阔长圆形,莲状排列,观赏价值更高。

石笔虎尾兰:为同属常见种。叶圆筒形,上下粗细基本一样,叶端尖细,叶面有纵向浅凹沟纹。叶长 1～1.5 米,叶筒直径 3 厘米左右。叶基部左右瓦相重叠,叶升位于同一平面,呈扇骨状伸展。形态特殊,观赏价值较高。

生态习性:喜温暖、光照充足,耐干旱,耐阴,忌水涝,不耐严寒,越冬温度不低于 8℃;春夏生长速度快,应多浇一些有机液肥,晚秋和冬季保持盆土略干为好。生长期内,不宜长期放在庇荫处和强阳光下,否则,黄色镶边变窄退色。冬季正常生长不休眠。在排水良好的沙质壤土中生长健壮。

繁殖方法:虎尾兰的繁殖可用分株和扦插的方法。

分株:适合所有品种的虎尾兰,一般结合春季换盆进行,方法是将生长过密的叶丛切割成若干丛,每丛除带叶片外,还要有一段根状茎和吸芽,分别上盆栽种即可。

扦插:仅适合叶片没有金黄色镶边或银脉的品种,否则会使叶片上的黄、白色斑纹消失,变为普通品种的虎尾兰。方法是选取健壮而充实的叶片,剪成 5～6 厘米长,插于沙土或蛭石中,露出土面一半,保持稍潮湿,1 个月左右可生根。金边及斑叶品种利用叶插繁殖会导致金边及斑消失,所以只能用分株繁殖。

栽培与养护:虎尾兰适应性强,对管理要求不严。对肥料无很大要求,但在生长期若能 10～15 天浇 1 次稀薄饼肥水,则可生长得更好。虎尾兰不宜长时间在阴暗处,要常常给予散射光,否则,叶子会发暗,缺乏生机。也不可突然移至阳光下,应先在光线暗处适应。

用途:虎尾兰可有效地吸收二氧化碳放出氧气,还可以有效地去除空气中的甲苯。但由于叶尖尖锐不适于摆放卧室、客厅、书房等儿童易于接触的地方。

二十、合果芋

别名:长柄合果芋、紫梗芋、剪叶芋、丝素藤、白蝴蝶、箭叶

学名:*Syngonium podophyllum*

科属:天南星科　合果芋属

形态特征:多年生常绿草本植物,茎绿色,蔓生性较强,节部常生有气生根。叶片呈两型性,幼叶为单叶,长圆形、箭形或戟形;老叶呈5~9裂的掌状叶,中间一片叶大型且叶基裂片两侧常着生小型耳状叶片。初生叶色淡,老叶呈深绿色,且叶质加厚。佛焰苞浅绿或黄色。叶片常生有各种白色斑纹,因品种变化多样。

常见栽培品种以下2种。白蝶合果芋(cv. *albolineatum*):叶丛生,盾形,呈蝶翅状,叶表多为黄白色,边缘具绿色斑块及条纹,叶柄较长。茎节较短。绿金合果芋:叶片嫩绿色,中央具黄白色斑纹,节间较长,茎节有气生根。

生态习性:喜高温多湿、疏松肥沃、排水良好的微酸性土壤。不耐寒,怕干旱和强光暴晒。越冬温度10℃以上;对光照要求不严,全光至阴暗都能生长,但以光线明亮处生长良好,斑叶品种光照不足,则色斑不明显。夏季生长旺盛期,需充分浇水,保持盆土湿润,以利于茎叶快速生长。每天增加叶面喷水,保持较高的空气

湿度,叶片生长健壮、充实,具有较好的观赏效果。

繁殖方法:合果芋可采用扦插繁殖。在气温15℃以上的生长阶段进行扦插,切取茎部2～3厘米为插穗,插于沙土中,保持20～25℃及较高的空气湿度,10～15天可生根。目前生产中大多采用组培繁殖。

栽培与养护:盆栽合果芋常用10～15厘米盆,吊盆悬挂栽培可用15～18厘米盆。生长期每半个月施肥1次,可用高硝酸钾肥,促进植株生长繁茂、分枝多。室外栽培时,茎蔓不宜留太长,以免强风吹刮。夏季茎叶生长迅速,盆栽观赏需摘心整形。吊盆栽培,茎蔓下垂,如过长或过密也需疏剪整形,保持优美株态。成年植株在春季换盆时可重剪,以重新萌发更新。冬季室内养护,切忌盆土过湿,低温多湿,会引起根部腐烂死亡或叶片黄化脱落,影响观赏价值。

用途:主要用作室内观叶盆栽,可悬垂、吊挂及水养,又可作壁挂装饰。大盆支柱式栽培可供厅堂摆设。

宽大漂亮的叶子可提高空气湿度,并吸收大量的甲醛和氨气。叶子越多,过滤净化空气和保湿功能就越强。

二十一、虎耳草

别名:金丝荷叶、金线吊芙蓉

学名:*Saxifraga stolonifera* Curt.

科属:虎耳草科　虎耳草属

形态特征:虎耳草为多年生常绿草本植物。植株低矮,无直立的地上茎,全株密披短茸毛,基部生出垂悬细长的匍匐茎,肉质,紫红色,先端可长出小叶丛与不定根。叶基生肉质,叶柄长,叶片广卵形或肾形,基部心形或楔形,边缘有浅裂片和不规则细锯齿,上面绿色,叶脉呈灰白色,下面紫红色,两面被茸毛。花葶丛从叶间抽出,圆锥状花序,花白色。

生态习性：喜温暖而稍冷凉的
环境，生长适温为 15～25℃。不耐
干旱，保持较高的空气湿度，应经常
以喷雾来提高空气湿度。喜湿润、
富含有机质、排水良好的沙质壤土。

繁殖方法：虎耳草采用分株繁
殖。将老株脱盆后，分切成数株分
别栽培。或把匍匐茎上的小叶丛剪
下栽植，极易成活。虎耳草也可播种繁殖，但有可能会失去优良的
形状。

栽培与养护：栽培光照过强会引起叶片焦边。若是盆栽，可悬
挂于窗前檐下，任其匍匐下垂。性喜阴湿，应经常保持盆土的水分
充足。夏季每天除了早、晚的浇水外，还要给叶面或植株四周喷
雾，以提高空气的湿度；盆土应保持湿润而不积水。上盆时，要在
培养土中加入适量的有机肥作基肥，以生长期每个月施 1 次稀薄
的有机液肥，促进植株生长；肥料需从叶下施入，以免沾染叶面影
响生长，生长适温为 15～25℃，夜间温度不能低于 5℃，否则易受
冻害。虎耳草的土壤以富含有机质且排水良好的沙质壤土为最
好，一般用园土、腐叶土、河沙等量混合即可。

用途：盆栽悬挂在房间的窗台、阳台来美化居室，也可放在卧
室、客厅、书房，是优良的室内观叶植物。鲜虎耳草叶捣汁滴入耳
内可治中耳炎。

二十二、椒草

别名：豆瓣绿

学名：*Peperomia rotundifolia*

科属：胡椒科　草胡椒属

形态特征：常绿肉质草本，叶簇生，具长柄，不同种类叶形各

异,全缘,多肉,叶面多有斑纹或透
明点。斑叶型,其叶肉质有红晕;花
叶型,边缘有金黄色镶边;亮叶型,
叶心形,有光泽。皱叶型,叶脉深
陷,形成多皱的叶面。呈心状的皱
叶椒草和绿色带光泽的圆叶豆瓣受
人喜爱。

常见栽培品种:

西瓜皮椒草(*P. obtusifolia*):叶近基生,倒卵形,长约6厘米;
厚而有光泽、半革质;叶面绿色,叶背红色,在绿色叶面的主脉间有
鲜明的银白色斑带,状似西瓜皮,故名。

皱叶椒草(*P. caperata*):别名皱叶冷水花。茎极短,叶柄圆
形,茶褐色。叶片心脏形,叶面暗褐绿色,带有天鹅绒光泽,叶背灰
绿色,叶面凹凸不平,呈皱褶状。肉穗花序,白绿色细长。

五彩椒草(*P. clusiaefolia* cv. 'Jewelry'):直立性株形,生长
缓慢。叶长倒卵形,厚肉质硬挺,叶缘波状。叶色浓绿有光泽,叶
缘镶红边。

圆叶椒草(*Peperomia obtusifolia*):直立性植株,高约30厘
米。单叶互生,叶椭圆形或倒卵形。叶端钝圆,叶基渐狭至楔形。
叶面光滑有光泽,质厚而硬挺,茎及叶柄均肉质粗圆。叶柄较短,
节间较短,节间处也极易生根。

撒金椒草(*Peperomia obtusifolia* cv. 'Green Gold'),类似圆
叶椒草,仅叶色不同。其叶色浓绿,但散布大小不等、不规则浅绿
至乳黄色斑块;或黄绿为主的叶片上散布浓绿的斑块或斑点。

生态习性:喜温暖湿润和半阴环境,不耐旱,怕高温。生长适
宜温度20~30℃,越冬温度不低于10℃,喜散射光,忌强光直射;
喜排水良好的沙质壤土,较耐旱,过湿烂根。

繁殖方法:以茎插、叶插和分株法繁殖,春、秋两季均可。茎

插:在 4～5 月份选健壮的顶端枝条,长约 5 厘米为插穗,上部保留 1～2 枚叶片,待切口晾干后,插入湿润的沙床中。叶插繁殖,采用全叶插,插叶带有叶柄 1 厘米左右。

栽培与养护:生长时期注意避免阳光直射,特别在夏季,阳光直射,会使叶片变黄,叶片上的白斑不明显。对环境湿度要求较高,平时要保持盆土湿润,并向叶面喷水,保证较高的空气湿度,但不能经常向叶片喷水,否则叶面会长黑斑。

用途:可用于点缀案头、茶几、窗台,蔓生型植株可攀附绕柱,是家庭办公室理想的美化植物。也可以放入厨房,它能很好地吸收净化厨房的油烟,是厨房内理想的环保植物。

二十三、栗豆树

别名:澳洲栗、绿宝石、绿元宝

学名:*Castanospermum austral*

科属:豆科　栗豆树属

形态特征:一回奇数羽状复叶,小叶呈长椭圆形,近对生,全缘,革质有光泽。种球自基部萌发,如鸡蛋般大小,革质肥厚,饱满圆润,富有光泽,宿存盆土表面,圆锥花序生于枝干上,小花橙黄色,花期春、夏。

生态习性:喜热不耐寒,生长适温为 22～30℃,越冬最低温度为 13℃左右。较耐阴,但以半阴或散射光照最适宜,夏季忌强光直射。喜空气湿度较大的环境,稍耐干旱。喜肥沃、富含腐殖质的沙质壤土。

繁殖方法:播种法繁殖,春、秋两季最合适。

栽培与养护:栗豆树幼株适宜小型盆栽,室内欣赏,成株后可换大盆庭院观赏。生长中需对植株摘心,保持完善株型。生长期间浇水应掌握间干间湿的原则,应经常向叶面喷水,但忌盆内积水,以免造成子叶腐烂。冬季保持盆土稍干,不干不浇,以防水多烂根。另外,冬季应避免开暖气、夏季避开空调冷风,以免叶片黄化或褐变。

用途:植株幼时可摆放在窗台、案几、书桌上,十分可爱。大型的可摆放在客厅、卧室等处。

二十四、绿萝

别名:黄金葛、黄金藤

学名:*Scindapsus aureun*

科属:天南星科　藤芋属

形态特征:绿萝的茎蔓粗壮,可长达数米,茎节处有气生根。幼叶卵心形,幼苗叶片较小,色较淡,随着株龄的增长,成熟的叶片长成长卵形。浓绿色的叶面镶嵌着黄白色不规则的斑点或条斑。叶柄粗,有长鞘。叶茂,终年常绿,有光泽。

常见栽培品种:

银葛(*E. a.* '*Marble Queen*'):叶上具乳白色斑纹,较原变种粗壮。

金葛(*E. a.* '*Golden Pothos*'):叶上具不规则黄色条斑。

三色葛(*E. a.* '*Tricolor*'):叶面具绿色、黄乳白色斑纹。

生态习性:性喜温暖、湿润的环境。不耐寒冷,适生温度为15～25℃,越冬温度不低于10℃。喜散射光,较耐阴,忌阳光直射,阳光过强会灼伤绿萝的叶片;过阴会使叶面上斑纹消失,叶片变小。要求土壤疏松、肥沃、排水良好的腐叶土,以偏酸性为好。

繁殖方法:绿萝一般采用扦插繁殖。

扦插繁殖:因其茎节上有气生根,扦插极易成活。用带有气生根的茎段直接插入素沙或蛭石中,深度为插穗的 1/3,淋足水,置庇荫处,每天向叶面喷水或盖塑料薄膜保湿,环境温度不低于 20℃。

水插繁殖:绿萝也可用顶芽水插,方法是:剪取嫩壮的茎蔓20～30 厘米长为一段,直接插于盛清水的瓶中,每 2～3 天换水1 次,10 多天可生根成活。

栽培与养护:绿萝的向阳性并不强。但在秋、冬季的北方,应增大光照强度。方法是把绿萝摆放到室内光照最好的地方,或在正午时搬到密封的阳台上晒太阳。同时,温度低的时候要尽量少开窗,因为极短的时间内,叶片就可能被冻伤。

在北方,室温 10℃ 以上,绿萝可以安全过冬,室温在 20℃ 以上,绿萝可以正常生长。但需要注意的是要避免温差过大,同时也要注意叶子不要靠近供暖设备。

在保证正常温度的条件下,加大湿度对植物的生长极为有利。在花盆托盘内保持适量水分,通过蒸发增加植物局部湿度。

秋、冬季的浇水量应根据室温严格控制。温度较低时,要减少浇水,水量应控制在原来的一半。冬季浇的水以晾晒过一天后的水比较好,水过凉容易损伤根部。

北方的秋冬季节,应减少施肥。入冬前,以浇喷液态无机肥为主,时间是半个月左右 1 次。入冬后,施肥以叶面喷施为主,通过叶面上的气孔吸收肥料,肥效可直接作用于叶面。

用途:可在家具的柜顶上高置套盆,任其蔓茎从容下垂,或在蔓茎垂吊过长后圈吊成圆环。绿萝能有效吸收空气中甲醛、苯和三氯乙烯等有害气体。

花语:守望幸福。

二十五、蟆叶秋海棠

别名:虾蟆叶秋海棠、王秋海棠、毛叶秋海棠

学名:*Begonia rex*

科属:秋海棠科　秋海棠属

形态特征:无地上茎,地下根状茎匍匐生长。叶基生,偏耳形,叶面有深绿色皱纹,中间有银白色斑纹,叶背紫红色,叶和叶柄密生茸毛。一侧偏斜,深绿色,上有银白色斑纹。花淡红色,花期较长。

生态习性:多年生草本植物。喜温暖,湿润和半阴环境。喜温暖,不耐寒,生长适温22～25℃,冬季温度不低于10℃。不耐高温,超过35℃,生长缓慢。如冬季温度低于10℃,叶片易受冻害脱落,茎叶干枯皱缩,严重时死亡。

繁殖方法:主要采用扦插繁殖。蟆叶秋海棠叶片硕大,叶脉粗壮,再生能力强,因此可用叶片作插条。选充实老熟的大型叶片,用消过毒的刀片将叶背面的叶脉刻伤,深入叶脉,然后将叶柄插入湿沙,插好后覆盖塑料薄膜保温保湿。20～24℃下20天后叶脉切口处产生愈伤组织,35天后可长出幼根和幼叶,此时应注意通风换气。

栽培与养护:蟆叶秋海棠对光照的反应敏感,冬季需充足阳光,夏季忌阳光直射。盆栽秋海棠,需要充足的水分和较高的空气湿度。水分供应不足,叶片易凋萎倒伏,严重时茎叶皱缩死亡。相反,供水过量,盆内出现积水,易引起根部腐烂。

在北方地区盆栽,从5月初至10月上旬,可放在北面阳台上或廊檐下,也可放朝北房间窗台上培养,但要注意通风。干燥天气及夏天,每天向花盆周围地面上喷水数次,增湿降温,保持凉爽湿

润的环境,对其健壮生长极为重要。高温干燥易引起植株生长不良甚至死亡。培养蟆叶秋海棠,切忌向叶面上喷不清洁的水,否则极易产生病斑,影响观赏。生长季节浇水不能过多,以保持盆土湿润为宜。生长旺季约每半个月施1次以氮肥为主的复合化肥或稀薄饼肥水。施肥时应注意不要让肥液玷污叶片,若一时不慎叶片上沾有肥液时需立即用清水喷洗叶面,把肥液冲洗干净。冬季移至朝南房间向阳处,夜间罩上塑料薄膜罩保温保湿,每隔5天左右用与室温相近的清水喷洗1次叶片,以免灰尘或烟尘沾染叶面,保持叶面清新艳丽。越冬期间室温需保持在10℃以上,停止施肥,控制浇水,即可安全越冬。

用途:盆栽是较好的室内装饰性观叶植物,适用于宾馆、厅室、橱窗、窗台等处摆设点缀。

二十六、南洋杉

别名:猴子杉、细叶南洋杉、诺福南洋杉

学名:*Araucariaceae cunningghamii* Sweet

科属:南洋杉科 南洋杉属

形态特征:为南洋杉科常绿大乔木,是世界著名的观赏树种之一。

树皮灰褐色或暗灰色,粗,横裂;树冠窄塔形,枝轮生,大枝平展或斜伸,小枝平伸或下垂,老则成平顶状。幼叶或小枝叶片软、镰刀状,叶长1.5厘米左右,表面有多数气孔线和白粉。幼树常盆栽作为观赏植物。球果卵圆形或椭圆形,苞鳞楔状倒卵形,两侧具薄翅,先端宽厚,具锐脊,中央有急尖的长尾状尖头,尖头显著地向后反曲;种子椭圆形,两侧具结合而生的膜质翅。

生态习性:喜温暖,湿润的气候,不耐寒,冬季温度不得低于

10℃,气温降到 8℃以下时叶片会受冻而变黄。忌干旱,冬季需充足阳光,夏季避免强光暴晒,怕北方春季干燥的狂风和盛夏的烈日,在气温 25～30℃、相对湿度 70%以上的环境条件下生长最佳。盆栽要求疏松肥沃、腐殖质含量较高、排水透气性强的培养土。

繁殖方法:繁殖方法有播种繁殖、扦插繁殖。

播种繁殖:播种前最好先破伤种皮,以促进发芽,籽播幼苗直根长,须根少,幼苗移植时易造成死苗,抓好护根、细植、保温、遮阳等技术要点,则能提高幼苗成活率。

扦插繁殖:一般在春、夏季进行扦插,选择一年生侧枝作插穗,用侧枝作插穗长成的植株歪斜而不挺拔。插穗长 10～15 厘米,插后在 18～25℃和较高的空气湿度条件下,约 4 个月可生根。

栽培与养护:培养土宜用腐叶土、草炭土、纯净河沙及少量腐熟的有机肥混合配制。幼树宜每年或隔年春季换盆一次,5 年以上植株宜换上大盆或木桶,每两三年翻盆换土一次。北方地区于 4 月末或 5 月初出室,放避风向阳处养护,在春季和旱季要时常给叶片喷水,防止尖叶干燥;盛夏需适当疏荫,生长季节适时转盆,以防树形生长偏斜,影响观赏。平时浇水要适度,经常保持盆土及周围环境湿润,严防干旱和渍涝。生长旺盛期需随时补充养分,自春季新芽萌发开始,每个月宜追施 1～2 次腐熟的稀薄有机液肥,可保持株姿清新,叶色油润。南洋杉不耐严寒,北方地区于 9 月末或 10 月初(寒露)移入室内,放阳光充足、空气流通处,禁肥控水,室温不得低于 8℃。

用途:中小型盆栽可摆放在客厅、厅堂、会场,或作大会主席台上的背景材料。大型植株可以列植于庭院正门或高大建筑物的门庭。

二十七、千叶兰

别名：千叶草、千叶吊兰、铁线兰

学名：*Muehlewbeckia complera*

科属：蓼科　千叶兰属

形态特征：多年生常绿藤本。植株匍匐丛生或呈悬垂状生长，细长的茎红褐色。小叶互生，叶片心形或圆形。

生态习性：习性强健，喜温暖湿润的环境，在阳光充足和半阴处都能正常生长，具有较强的耐寒性，冬季可耐 0℃ 左右的低温，生长期保持土壤和空气湿润，避免过于干燥。

繁殖方法：千叶草的繁殖可结合换盆进行分株，也可在生长季节或利用春季剪枝时剪下的枝条进行扦插，扦插时间要避开夏季高温和冬季寒冷季节，插后保持土壤和空气湿润，很容易生根。

栽培与养护：生长期保持土壤和空气湿润，避免过于干燥，否则会造成叶片枯干脱落，每个月施一次腐熟的稀薄液肥或观叶植物专用肥。夏季注意通风良好，并适当遮光，以防烈日暴晒。每年春季换一次盆，盆土宜用含腐殖质丰富、疏松肥沃，且排水透气性良好的沙质土壤。发芽时对植株进行一次修剪，剪去过长、过密的枝条和部分老枝，其节处会萌发许多新枝，使株形更加饱满。由于千叶兰生长较快，栽培中应经常整形，及时剪除影响株形的枝条，以保持美观。

用途：其株形饱满，枝叶婆娑，具有较高的观赏价值，适合作吊盆栽种或放在高处的几架、柜子顶上，茎叶自然下垂，覆盖整个花盆，犹如一个绿球，非常好看。

二十八、苏铁

别名:铁树、凤尾铁、凤尾蕉、凤尾松

学名:*Cycas revoluta* Thunb.

科属:苏铁科　苏铁属

形态特征:常绿棕榈状木本植物。茎干圆柱状,不分枝。仅在生长点破坏后,才能在伤口下萌发出丛生的枝芽,呈多头状。茎部密被宿存的叶基和叶痕,并呈鳞片状。叶螺旋状排列,叶从茎顶部生出,叶有营养叶和鳞叶2种,营养叶羽状,大型,鳞叶短而小。小叶线形,初生时内卷,后向上斜展,微呈"V"字形,边缘显著向下反卷,厚革质,坚硬,有光泽,先端锐尖,叶背密生锈色茸毛,基部小叶成刺状。雌雄异株,6～8月份开花,雄球花圆柱形,黄色,密被黄褐色茸毛,直立于茎顶;雌球花扁球形,上部羽状分裂,其下方两侧着生有2～4个裸露的胚球。种子10月份成熟,种子大,卵形而稍扁,熟时红褐色或橘红色。

生态习性:喜光,稍耐半阴。喜温暖,不甚耐寒。喜肥沃湿润和微酸性的土壤。能耐干旱。生长缓慢,10余年以上的植株可开花。

繁殖方法:一般采用分蘖繁殖。

分蘖繁殖:可于冬季停止生长时进行。亦可在早春一二月份至初夏进行。取茎基部和干部萌生的蘖芽,选择有4～5片叶子的蘖芽作繁殖材料。切忌选过嫩的蘖芽,否则易腐烂。切割时要尽量少伤茎皮。切口稍干后,栽于粗沙含量多的腐殖质土中,于半阴处养护,温度保持在27～30℃,易于成活;对已生根的蘖芽,可直接栽入富含腐殖质、排水良好、透气性强的培养土中管理。栽好

后,浇水1次,然后放在室内见光处养护。2个月左右萌发新根,3~4个月抽生1~2片新叶。

栽培与养护:家庭栽培铁树,一般不宜选购太大的植株,花盆通常选用口径20~30厘米的中等盆。经常保持盆土湿润,但不要过湿,4~5月份可2天浇1次水。铁树不耐水渍,雨后要注意及时排水。6~8月份生长较快,这时气温较高,蒸发量大,浇水量可适当增加,除雨天外,每天应浇1次水。9月份后控制浇水,掌握"间干间湿"的原则。生长季节,每15~20天追施1次液肥。入秋后停止施肥。

铁树喜阳光,在春、秋季,幼苗期最好放在阳光直射处(但不可暴晒)养护,待新叶长成后再移入室内观赏。冬季气温低于0℃时应移入室内越冬。室温保持在5~10℃。翌年4月份出室,每隔2~3年换盆1次。铁树生长过程中,当植株主干高达40~50厘米、新叶长成时,应将下部枯弱黄叶割除一轮,以保持树形的整齐丰满。

用途:苏铁树形古雅,宜作大型盆栽,布置庭院屋廊及厅室,极为美观。

二十九、散尾葵

别名:黄椰子

学名:*Chrysalidocarpus lutescens*

科属:棕榈科 散尾葵属

形态特征:丛生常绿灌木或小乔木,偶有分枝。茎干光滑,黄绿色,无毛刺,上有环纹状叶痕。叶面滑而细长,羽状复叶,全裂,叶柄稍弯曲,先端柔软;裂片条状披针形,左右两侧不对称,背面主脉隆起;叶柄、叶轴、叶鞘均淡黄绿色;叶鞘圆

筒形,包茎。圆锥状肉穗花序,生于叶鞘下,多分支;花小,金黄色,花期3～4个月。

生态习性:性喜温暖湿润、半阴且通风良好的环境,不耐寒,较耐阴,忌阳光直射,适宜生长在疏松、排水良好、富含腐殖质的土壤。

繁殖方法:散尾葵可用播种繁殖和分株繁殖。播种繁殖所用种子国内不易采集到,多从国外进口。常规的多用分株,于4月份左右,结合换盆进行,选基部分蘖多的植株,去掉部分旧盆土,以利刀从基部连接处将其分割成数丛。每丛不宜太小,须有2～3株,并保留好根系;否则分株后生长缓慢,且影响观赏。分栽后置于较高湿温度环境中,并经常喷水,以利恢复生长。

栽培与养护:散尾葵盆栽可用腐叶土、泥炭土加1/3河沙及部分基肥配制成培养土。它蘖芽生长比较靠根茎上,盆栽时,因较原来栽的稍深些,让新芽更好地扎根。5～10月份是其生长旺盛期,必须提供比较充足的水肥条件。平时保持盆土经常湿润。夏、秋高温期,还要经常保持植株周围有较高的空气湿度,但切忌盆土积水,以免引起烂根。一般每1～2周施1次腐熟液肥或复合肥,以促进植株旺盛生长,叶色浓绿,秋、冬季可少施肥或不施肥,同时保持盆土干湿状态。散尾葵喜温暖,冬季需做好保温防冻工作,一般10℃左右可比较安全越冬,若温度太低,叶片会泛黄,叶尖干枯,并导致根部受损,影响翌年的生长。喜半阴,春、夏、秋三季应遮阳50%。在室内栽培观赏宜置于较强散射光处;也能耐较阴暗环境,但要定期移至室外光线较好处养护,以利恢复,保持较高的观赏状态。

用途:是布置客厅、餐厅、会议室、家庭居室、书房、卧室或阳台的高档盆栽观叶植物。在明亮的室内可以较长时间地摆放观赏。

三十、铁线蕨

别名:铁线草、美人发、铁丝草

学名:*Adiantum capillus-veneris*

科属:铁线蕨科　铁线蕨属

形态特征:多年生草本,植株高15～40厘米。根状茎细长横走,密被棕色披针形鳞片。叶远生或近生;叶柄纤细,墨黑色,有光泽,基部被与根状茎上同样的鳞片,向上光滑,叶片卵状三角形,薄革质,无毛;2～3回羽状复叶,羽片形状变化较大,多为斜扇形,叶缘浅裂至深裂;叶脉扇状分支;孢子囊生于叶背外缘。

生态习性:铁线蕨喜温暖、湿润和半阴环境,不耐寒,忌阳光直射。喜疏松、肥沃和含石灰质的沙质壤土。

繁殖方法:铁线蕨以分株繁殖为主。分株宜在春季新芽尚未萌发前结合换盆进行。将长满盆的植株从盆中扣出来,去掉大部分旧培养土,切断其根状茎,分成二至数丛,分别盆栽。另外,铁线蕨的孢子成熟后散落在温暖湿润环境中自行繁殖生长,待其长到一定时盆栽也可。

栽培与养护:生长季节浇水要充足,每隔2周左右需施1次薄肥,促使其生长繁茂。生长适宜温度白天21～25℃,夜间12～15℃。冬季应入温室,温度在5℃以上叶片仍能保持鲜绿,但低于5℃时叶片则会出现冻害。喜明亮的散射光,怕太阳直晒。夏季气候闷热,应提高空气湿度,加强通风。

用途:铁线蕨喜阴,适应性强,栽培容易,更适合室内常年盆栽观赏。作为小型盆栽可置于案头、茶几上;较大盆栽可用以布置背阴房间的窗台、书房、台阶、过道或客厅,能够较长期供人欣赏。

三十一、铁兰类

别名:铁兰、紫凤梨

学名:*Tillandsia*

科属:凤梨科　紫凤梨属

形态特征:为多年生草本植物。
地下无根或很少根,叶片簇生成莲座状;无茎。叶片窄长。株高约
30 厘米,莲座状叶丛,中部下凹,先斜出后横生,弓状。淡绿色至
绿色,基部酱褐色,叶背绿褐色。穗状花序,呈羽毛状,总苞呈扇
状,粉红色,自下而上开紫红色花。苞片观赏期可达几个月。

常见栽培品种:

章鱼花凤梨:植株相对来说比较矮小,茎部肥厚,叶先端又长
又尖,叶色为灰绿色,开花前内层的叶片变为红色,花为淡紫色,花
蕊呈深黄色。

银叶花凤梨:无茎,叶片呈长针状,叶色为灰绿色。基部为黄
白色,花序较长而且弯曲,花为黄色或者蓝色,排列比较松散。

紫花凤梨:株高不超过 30 厘米,叶片簇生在短缩的茎上,叶片
较窄,呈线形,先端比较尖,叶长 30～40 厘米,宽 1.5 厘米,颜色为
灰绿色,基部带紫褐色条形斑纹,叶背呈褐绿色,花莛由叶丛中抽
出,直立,总苞为粉红色,叠生成扁扇形,小花由下向上开放,颜色
为蓝紫色。

生态习性:喜明亮光线,高温、高湿的环境,但忌阳光直射;适
宜温度 18～30℃,不耐寒,冬季温度不低于 10℃。酷热季节应遮
阳,并充分浇水,冬季应置室内阳光充足处,并控制水分。

繁殖方法:采用播种和分株法。开花以后经人工授粉可以获
得种子。种子细小,需拌细沙后撒播,播期为 5～6 月份,播后
15～20 天发芽,实生苗 3 年才能开花。也可于春季结合换盆进行
分株繁殖,春季花后切下母株长出带根的子株,直接上盆,置于半

阴处养护。一般 2～3 年分株一次。

栽培与养护:铁兰类盆栽以富含腐殖质和粗纤维类基质为佳,如苔藓、蔗根、树皮块等。盆中基质保持中等湿润,不能积水,铁兰类需较高的空气湿度,应经常向植株或其周围喷水,干旱和炎热夏季,每天喷 2～3 次;冬季少喷或不喷。喷水时要注意叶缝间不能积水,否则叶片腐烂。空气湿度太低,会引起叶片干枯、叶子皱缩卷曲。夏季注意降温,并避免阳光直射;冬季温度不低于 10℃,给予充足光照。生长季每 3～4 周施一次液体肥料。

用途:凤梨花姿优美,娇小迷人,可摆放在家庭书桌、橱柜上。

三十二、万年青

别名:开喉剑、九节莲、冬不凋、铁扁担

学名:*Rohdea japonica*

科属:百合科 万年青属

形态特征:多年生常绿草本,地下根茎短粗,黄白色,有节,节上生多数细长须根;无地上茎。叶自根状茎丛生,质厚,有光泽,披针形或带形,边缘略向内褶,基部渐窄呈叶柄状,上面深绿色,下面淡绿色,主脉较粗,直出平行脉多条。春、夏从叶丛中生出花葶,短穗状花序丛生于顶端;花被 6 片,淡绿白色,卵形至三角形,头尖,基部宽,下部愈合成盘状。

生态习性:性喜温暖、湿润、通风良好的半阴环境,不耐旱,稍耐寒;忌阳光直射,但光线过暗,也会导致叶片退色。忌积水。喜高温,不耐寒,生长适温 20～30℃。

繁殖方法:扦插繁殖。春、夏都可进行,取 10～15 厘米长的嫩枝,插入黄沙介质中,20～30 天生根,以后视植株大小换入新盆。

栽培与养护:耐半阴,忌日光过分强烈,但光线过暗,也会导致叶片退色。喜水湿,3~8月份生长期要多浇水。夏季需经常洒水,增加环境湿度。喜高温,不耐寒,生长适温20~30℃。最低越冬温度在12℃以上。一旦受冻则叶片黄萎、顶芽坏死。生长期每个月施氮肥,促其迅速长大,3~8月份每2周施1次肥水。秋后减少施肥。要求疏松、肥沃、排水好的土壤。

用途:适宜点缀客厅、书房装饰应用:幼株小盆栽,可置于案头、窗台观赏。中型盆栽可放在客厅墙角、沙发边作为装饰,令室内充满自然生机。以它独特的空气净化能力著称,可以去除尼古丁、甲醛。

花语:健康、长寿。

三十三、文竹

别名:云片竹、刺天冬、云竹、山草、羽毛天门冬

拉丁名:*Asparagus plumosus*

科属:百合科　天门冬属

形态特征:常绿宿根草质直立或攀缘藤本。根稍肉质,细长。茎细,绿色,多分枝,枝条和叶状枝常水平状展开,叶状枝常为10~13枚簇生,刚毛状;鳞状片叶基部稍具刺状距。花小,白色,两性,有香气。浆果球形,成熟后紫黑色,有种子1~3粒。

生态习性:文竹性喜温暖湿润和半阴环境,不耐严寒,不耐干旱,忌阳光直射。适生于排水良好、富含腐殖质的沙质壤土。生长适温为15~25℃,越冬温度为5℃。

繁殖方法：文竹可用播种及分株繁殖。文竹种子12月份至翌年4月份陆续成熟。采后及时播种。播种时去掉种皮，种入土中覆土2～3毫米。浅盆盖上玻璃，并予以遮阳。温度保持20℃左右，20～30天发芽。4～5年生的植株，可在早春进行分株。但此法繁殖系数低，很少采用。

栽培与养护：文竹管理的关键是浇水。浇水过勤、过多，枝叶容易发黄，生长不良，易引起烂根。浇水量应根据植株生长情况和季节来调节。冬、春、秋三季，浇水遵循"间干间湿"的原则，一般是盆土表面见干再浇，如果感到水量难以掌握，也可以采取大、小水交替进行。夏季早、晚都应浇水，水量稍大些也无妨碍。

冬季应置于室内比较暖和的地方。文竹虽不十分喜肥，但盆栽时，尤其是准备留种的植株，应补充较多的养料。文竹需室内越冬，冬季室温应保持10℃左右为好，并给予充足的光照，翌年4月份以后即可移至室外养护。

用途：文竹不但可以提高文化修养，而且可以对肝脏有病，精神抑郁、情绪低落者有一定的调节作用。文竹，在夜间除了能吸收二氧化硫、二氧化氮、氯气等有害气体外，还能分泌出杀灭细菌的气体，减少感冒、伤寒、喉头炎等传染病的发生，对人体的健康大有好处。

花语：象征永恒，朋友纯洁的心，永远不变。婚礼用花中，它是婚姻幸福甜蜜，爱情地久天长的象征。文竹叶形秀丽，雅丽脱俗，常以盆栽置于书架、案头、茶几上，美化居室。

三十四、网纹草

别名：费道花

学名：*Fittonia*

科属:爵床科　网纹草属

形态特征:网纹草植株低矮,呈匍匐状蔓生,落地茎节易生根。叶"十"字形对生,卵形或椭圆形;叶脉网状清晰,茎枝、叶柄、花梗均密被茸毛,其特色为叶面密布红色或白色网脉。

常见栽培品种:红网纹草(*F. verschaffeltii*)、小叶白网纹草(*F. verschaffeltii* var. *minima*)。

生态习性:喜高温、多湿和半阴环境。网纹草怕强光直射,喜中等强度的光照,忌阳光直射,但耐阴性也较强,需要放在半阴处养护。生长适温为 $18\sim25℃$,越冬温度不低于 $12℃$,否则叶片就会受冷害。喜富含有机质、通气保水的沙质壤土。土稍微湿润即可。

繁殖方法:网纹草采用扦插繁殖。多于春季进行扦插,自匍匐茎上剪取 $5\sim10$ 厘米茎端,去掉下部的叶,晾干 $2\sim3$ 小时插入沙盘,保持 $25℃$ 及较高的空气湿度, $15\sim20$ 天生根。

栽培与养护:浇水时必须小心,表土干时就要进行浇水,而且浇水的量要稍加控制。盆栽土最好用培养土、泥炭土和粗沙的混合基质,也可用椰壳、珍珠岩混合基质进行无土栽培。

当苗具 $3\sim4$ 对叶片时摘心 1 次,促使多分枝,控制植株高度,达到枝繁叶茂。生长期每半个月施肥 1 次。由于枝叶密生,施肥时注意肥液勿接触叶面,以免造成肥害。

用途:多用于微小型盆花。作为点缀书桌、茶几、窗台、案头、花架等。也可作室内吊盆。

三十五、橡皮树

别名：印度橡皮树、大叶青、红缅树、红嘴橡皮树、印度榕

学名：*Ficus elastica*

科属：桑科　榕属

形态特征：橡皮树，叶片较大，厚革质，有光泽，圆形至长椭圆形；叶面暗绿色，叶背淡绿色，初期包于顶芽外，幼叶内卷，外面包被红色托叶，新叶伸展后托叶脱落，并在枝条上留下托叶痕。

常见栽培品种：

金边橡皮树：叶缘为金黄色，花叶橡皮树叶片稍圆，叶缘及叶片上有许多不规则的黄白色斑块，生长势较弱，繁殖亦较慢。

白斑橡皮树：叶片较窄并有许多白色斑块。

金星宽叶橡皮树：叶片比一般橡皮树大而圆，幼嫩时为褐红绿色，叶片成长后红褐色稍淡，靠近边缘散生稀疏针头大小的斑点。

黑金刚：特点是叶色特别的红，而且红中透绿。叶鞘非常的红，叶片的边缘有两排非常整齐的小圆点，非常有特色，很漂亮。橡皮树黑金刚，生性强健，一年四季都能生长。

生态习性：喜温暖湿润环境，适宜生长温度 20～25℃，安全越冬温度为 5℃。喜明亮的光照，忌阳光直射。耐空气干燥。忌黏性土，不耐瘠薄和干旱，喜疏松、肥沃和排水良好的微酸性土壤。

繁殖方法：常用扦插繁殖和高压繁殖。

扦插繁殖：扦插繁殖比较简单，极易成活且生长快。一般于春末夏初结合修剪进行。选择 1 年生木质化的中部枝条作插穗，插穗以保留 3 个芽为准，剪去下面的 1 个叶片，将上面 2 个叶子合

拢,并用塑料绳绑好,或将上面叶片剪去半叶,以减少水分蒸发;为了防止剪口乳汁流失过多而影响成活,应及时用草木灰涂抹伤口;将处理好的插穗扦插于土中,插后保持插床有较高的湿度,并经常向地面洒水,但不能积水,以提高空气湿度。在 18~25℃温度、半阴条件下,经 2~3 周即可生根。家庭中使用高压也比较方便,成功率也高。高压时选择 2 年生枝条,先在枝条上环剥 1~1.5 厘米宽切口,再用潮湿苔藓或泥炭土等包在伤口周围,最后用塑料薄膜包紧,并捆扎上、下两端;1~2 个月后,即可将生根枝条剪下上盆。

栽培与养护:经常保持土壤处于偏干或微潮状态。夏季是橡皮树需水最多的阶段,可多浇水。冬季是橡皮树需水最少的时期,要少供水。生长旺盛季节施用磷酸氢二铵、磷酸二氢钾等作为追肥。橡皮树喜强烈直射日光,亦耐庇荫环境。但是在栽培过程中,每天应该使其接受不少于 4 小时的直射日光。如果有条件,最好保证植株能够接收全日照。保持环境适当通风。橡皮树性喜高温环境,因此,在夏、秋季节生长最为迅速。环境温度应该保持在 20~30℃。当环境温度低于 10℃,橡皮树基本处于生长停滞状态。越冬温度不宜低于 5℃。

用途:小型植株可作窗台或几桌布置,大、中型植株则宜布置厅堂、办公室和会议室等处。可净化挥发性有机物中的甲醛。对于灰尘较多的办公室则最适合摆放在窗边。

三十六、鱼尾葵

别名:孔雀椰子

学名:*Caryota ochlandra*

科属:棕榈科　鱼尾葵属

形态特征:单干直立,分枝能力强,茎枝上有褐色纤维状棕丝包被,有环状叶痕。二回羽状复叶,先端下垂,小叶厚而硬,形似鱼尾。穗状花序。

常见栽培品种：

长穗鱼尾葵（*Caryota ochlandra Hance*）：茎干单生，高可达 30 多米，直径 15～20 厘米。羽状全裂，下部小叶小于上部，楔形或斜楔形，顶端具不规则的啮蚀状齿，外侧边缘延生成鱼尾头。

短穗鱼尾葵（*Caryota mitis*）：茎干竹节状，具环状叶痕。叶片大型，二回羽状复叶，长 1～2 米，小叶片长 10～17 厘米。因小叶先端呈现不规则的啮齿状，极似鱼尾而命名。叶鞘长筒形，长 50～70 厘米。

生态习性：喜温暖，不耐寒，生长适温为 25～30℃，越冬温度 10℃以上。根系浅，不耐干旱，在干旱的环境中叶面粗糙，并失去光泽，生长期每 2 天浇 1 次水，并向叶面喷水。耐阴性强，忌阳光直射，否则叶面会变成黑褐色，并逐渐枯黄；夏季阴棚下养护，生长良好。茎干忌暴晒。要求排水良好、疏松肥沃的微酸性土壤，不耐盐碱，不耐干旱，也不耐水涝。

繁殖方法：鱼尾葵可用播种和分株繁殖。

一般于春季将种子播于透水通气的沙质壤土为基质的浅盆上，覆盖 5 厘米左右基质，置于遮阳处 25℃左右的环境中，保持土壤湿润和较高的空气湿度。2～3 个月可以出苗，翌年春季可分盆种植。多年生的植株分蘖较多，当植株生长茂密时，可分切种植，但分切的植株往往生长较慢，并且不易产生多数的蘖芽，所以一般少用此法繁殖。

栽培与养护：鱼尾葵生长势较强，根系发达，对土壤条件要求不严,盆栽可用园土和腐叶土等量混合作为基质。保持盆土湿润,干燥气候条件下还要向时面喷水,以保证叶面浓绿且有光泽。鱼尾葵的根为肉质,其有较强的抗寒能力,其他季节浇水时要掌握"间干间湿"原则,切忌盆土积水,以免引起烂根或影响植株生长。为喜阳植物,生长期要给予充足的阳光,但它对光线适应能力较强,适于室内较明亮光线处栽培观赏。

用途:鱼尾葵体态优美,叶形独特,可摆放在西式风格的建筑内。

三十七、一叶兰

别名:蜘蛛抱蛋、大叶万年青

学名:*Aspidistra elatior*

科属:百合科　蜘蛛抱蛋属

形态特征:根状茎近圆柱形,具节和鳞片。叶基生,丛生状;叶椭圆形,先端渐尖,基部楔形,两面绿色,有时稍具黄白色斑点或条纹;叶柄明显,粗壮挺直而长。花单生于短花茎上,花被钟状,外面带紫色或暗紫色斑点,内面下部淡紫色或深紫色。果球形,似蜘蛛卵,靠在似蜘蛛的块茎上。

生态习性:喜温暖湿润、半阴环境,较耐寒,极耐阴。生长适温为 10~25℃,越冬温度为 0~3℃。可以长期在室内栽培,严忌阳光暴晒。耐瘠薄,但以疏松、肥沃的微酸性沙质壤土为好。

繁殖方法:一般采用分株繁殖。

最好是在早春(2、3月份)土壤解冻后进行。把母株从花盆内取出,用锋利的小刀剖开成 2 株或 2 株以上,分出来的每一株都要带有相当的根系,并对其叶片进行适当的修剪,以利于成活。把分割下来的小株在百菌清 1 500 倍液中浸泡 5 分钟后取出晾干,即可上盆。也可在上盆后马上用百菌清灌根。

分株装盆后灌根或浇 1 次透水。由于它的根系受到很大的损伤,吸水能力极弱,需要 3～4 周才能恢复萌发新根,在分株后的 3～4 周内要节制浇水,以免烂根。分株后,还要避免太阳光过强,最好是放在遮阳棚内养护。

栽培与养护:盆土经常保持湿润,并经常向叶面喷水增湿,以利萌芽抽长新叶;秋末后可适当减少浇水量。春、夏季生长旺盛期每个月施液肥 1～2 次,以保证叶片清秀明亮。

应用:适于家庭及办公室布置摆放。可单独观赏,也可以和其他观花植物配合布置;可做切叶。由于它终年常绿,适应性很强,可以摆放在人流稠密的候车室、地铁、影剧厅以及商店陈设。

三十八、银叶菊

别名:雪叶菊

学名:*Centaurea cineraria*

科属:菊科 矢车菊属

形态特征:植株多分枝,叶 1～
2 回羽状分裂,正、反面均被银白色柔毛,叶片质较薄,叶片缺裂,如雪花图案,具较长的白色茸毛。头状花序单生枝顶,花小、黄色,花期 6～9 月份,种子 7 月份开始陆续成熟。

生态习性:喜疏松肥沃的沙质土壤或富含有机质的黏质土壤。性喜凉爽和光照充足的环境,怕高温和强光直射。施肥时各成分要均衡,尤其氮肥不宜过量,否则白色茸毛会减少,从而影响白色效果。

繁殖方法:银叶菊常用种子繁殖或者扦插繁殖。

种子繁殖:一般在 8 月底 9 月初播种,播种最适温度为 15～

20℃,半个月左右出芽整齐,苗期生长缓慢。生长期间可通过摘心控制其高度和增大植株蓬径。银叶菊为喜肥型植物,上盆一二周后,应施稀薄粪肥,以后每周需施1次肥。

扦插繁殖:剪取10厘米左右的嫩梢,去除基部的2片叶子插入土中,20天左右形成良好根系。需注意的是,在高温高湿时扦插不易成活。通过比较发现,扦插苗长势不如籽播苗,蓬径不大,植株较矮。

栽培与养护:上盆后的浇水应把握"间干间湿"的原则,银叶菊有较强的耐旱能力,所以冬季可以使盆土适度偏干。在生长期应保证充足的肥水供应,如表现有徒长趋势时,则应适当控水控肥。银叶菊较喜肥,可用0.1%的尿素和磷酸二氢钾喷洒叶面,浇水施肥应注意不要沾污叶片,尽量点浇,勿施浓肥。

用途:银叶菊适宜盆栽或庭院栽植,室内可以摆放在窗台、阳台等处。

三十九、一品红

别名:象牙红、老来娇、圣诞花、圣诞红、猩猩木

学名:*Euphorbia pulcherrima* Willd

科属:大戟科　大戟属

形态特征:常绿灌木,高50～300厘米,茎叶含白色乳汁。

茎光滑,嫩枝绿色,老枝深褐色。单叶互生,卵状椭圆形,全缘或钝锯齿缘,有时呈提琴形;叶被有毛,叶质较薄,脉纹明显;顶端靠近花序之叶片呈苞片状,开花时株红色,为主要观赏部位。杯状花序聚伞状排列,顶生;总苞淡绿色,边缘有齿及1～2枚大而黄色的腺体;花期12月份至翌年2月份。有白

色及粉色栽培品种。

生态习性：喜温暖、湿润及阳光充足的环境。不耐低温，越冬温度不低于15℃。强光直射及光照不足均不利其生长。忌积水，保持盆土湿润即可。短日照处理可提前开花。对土壤要求不严，但以微酸型的肥沃、湿润、排水良好的沙壤土最好。

繁殖方法：以扦插为主。用老枝扦插成活率较大。一般选择健壮的一年生枝条，取插穗8～12厘米，待插穗稍晾干后即可插入排水良好的土壤或粗沙中，土面留2～3个芽，保持湿润并稍遮阳。在18～25℃温度下2～3周可生根，再经约2周可上盆种植或移植。小苗上盆后要给予充足的水分，置于半阴处1周左右，然后移至早晚能见到阳光的地方锻炼约半个月，再放到阳光充足处养护。

栽培与养护：一品红喜温暖、湿润、通风的环境，不耐低温，过强的阳光照射和光线不足都同样不利于生长，生长期间要做好肥水管理、摘心定头等养护工作。

浇水时应防止过干过湿，否则会造成植株下部的叶子发黄脱落、枝条生长不均匀、夏季天气炎热时，应适当加大浇水量，但切勿盆内积水，以免引起根部腐烂。

一品红对土壤的要求不严，一般的肥沃沙质土壤就行。换盆时应及时加入腐熟的有机肥作为基肥，在生长开花季节，每隔半个月左右施1次液肥。入秋后，可加施一些富含钾、磷的肥，以保证苞叶艳红纯正。一品红进入生长期后，长势较快，为了保证外观形状这时一定要注意摘心。

用途：一品红花色鲜艳，花期长，正值元旦、圣诞、春节开花，盆栽布置室内环境可增加喜庆气氛。但一品红的汁液有毒，摘心、扦插时切勿接触，以避免引起皮肤的不适。

花语：基督诞生的花、绿洲。

四十、玉簪

别名：玉春棒、白鹤花、玉泡花、白玉簪

学名:*Hosta plantaginea*

科属:百合科　玉簪属

形态特征:叶基生成丛,卵形至心状卵形,具长柄,叶脉呈弧状。总状花序顶生,高于叶丛,花为白色,管状漏斗形,浓香。

生态习性:喜阴湿环境,不耐强烈日光照射,夏季高温、闷热的环境不利于它的生长,越冬温度在10℃上。要求土层深厚、排水良好且肥沃的沙质壤土。

繁殖方法:分株繁殖。

最好是在早春(2、3月份)土壤解冻后进行。把盘结在一起的根系尽可能地分开,切开成2株或2株以上,分出来的每一株都要带有相当的根系,并对其叶片进行适当的修剪,以利于成活。

栽培与养护:在夏季的高温时节,需要遮阳,不可被放在直射阳光下养护,否则叶片也会因灼伤而慢慢地变黄、脱落。室内养护时,宜放在有明亮光线的地方,如采光良好的客厅、卧室、书房等场所。在室内养护一段时间后,就要把它搬到室外有遮阳的地方养护一段时间,如此交替调换。对肥水要求较多,遵循"淡肥勤施、量少次多、营养齐全"和"间干间湿"的两个施肥水原则,并且在施肥过后,晚上要保持叶片和花朵干燥,浇水时间尽量安排在晴天中午温度较高的时候进行。

用途:可放置在采光良好的客厅、卧室、书房等场所,也可以放在阳台等地方装饰阳台的小花园。

四十一、竹芋类

学名:*Maranta*

科属:竹芋科　竹芋属

形态特征:常绿草本,植株不高。丛生状,地上茎细而分枝。

叶柄较长,叶片呈卵圆形至披针形,侧脉之间有象牙形白色斑纹,幼株叶表面有光泽,背面颜色暗淡,总状花序顶生,花白色。斑叶竹、芋叶绿色,主脉两侧有不规则的黄白色斑纹。

生态习性:喜温暖、湿润和半阴的环境,不耐寒。生长适温为 20～30℃。耐寒能力较弱,温度偏低时叶片退色。冬季室温保持在 15℃以上。忌强光暴晒。喜疏松、肥沃、排水良好的微酸性腐叶土。栽植后根茎不能外露,应充分浇水、保持盆土湿润,夏季应经常向叶面喷水;如果空气非常干燥,植株会卷叶。

繁殖方法:竹芋用分株繁殖。

生长旺盛的植株每 1～2 年可分盆 1 次。分株宜于春季气温回暖后进行,沿地下根茎生长方向将丛生植株分切为数丛,然后分别上盆种植,置于较庇荫处养护,待发根后按常规方法管理。另外,也可利用抽长的带节茎叶进行扦插繁殖。

栽培与养护:竹芋喜温暖湿润的半阴环境,怕低温与干风,对低温的抵抗力较差。最适生长温度为 20～25℃,冬季温度要求不低于 15℃。10℃以下地上部分逐步死亡。竹芋忌阳光暴晒,夏秋季要遮阳。阳光过强,叶色易显苍老干涩;光线过弱,叶质变薄而无光泽,失去美感。冬季应给予充足阳光。

竹芋喜湿润的环境,在夏、秋季高温期要经常保持盆土湿润,否则会出现叶缘枯焦,生长不良,每天除浇一次水外,还应加强喷雾。寒冬到来时,除注意保温外,应严格控制浇水,此时盆土过湿易造成根茎腐烂,盆土稍干即使叶片枯萎,春季回暖时还会重新发出新叶。新叶开始萌发时也不能过多浇水。

用途:可用小型盆栽或吊篮悬挂来布置卧室、客厅、办公室等场所。

四十二、棕竹

别名:筋头竹、棕榈竹、观音竹、琉球竹

学名:*Rhapis excelsa*

科属:棕榈科　棕竹属

形态特征:植株丛生、茎干直立,
有节,不分枝,茎干外表覆满网状纤
维。叶掌状深裂、裂片7～10裂、狭长
舌形、先端浅裂锯齿状,浓绿色。叶鞘
基部有黑褐色网状纤维包被,深绿色
具光泽。叶柄长,扁平,叶缘及中脉具
褐色小锯齿。夏季开细小、淡黄色的
花。浆果椭圆球形,熟果红色。

生态习性:喜温暖、湿润及通风良好的半阴环境,不耐积水,极
耐阴,忌强光直射,稍耐寒,越冬温度不低于5℃。喜较高的土壤
湿度和空气温度,不耐干旱。要求疏松肥沃的酸性土壤,不耐瘠薄
和盐碱。

繁殖方法:棕竹可用播种和分株繁殖。

播种繁殖:以疏松透水土壤为基质,一般用腐叶土与河沙等混
合。播种前可浸种,种子出芽后播种。当幼苗子叶长达8～10厘
米时可移栽。

分株繁殖:常在春季结合换盆时进行,将原来萌蘖多的植丛用
利刀分切数丛,勿伤根,不伤芽,每丛含8～10株,否则生长缓慢,
观赏效果差。分株上盆后置于半阴处,保持湿润,并经常向叶面喷
水,以免叶片枯黄。待萌发新枝后再移至向阳处养护,然后进行正
常管理。

栽培与养护:棕竹为南方植物,宜放置于温暖、湿润、通风和较
庇荫的场所。夏季需遮阳,冬季要移入室内。平时要保持盆土湿

润,不可积水。夏季要早晚浇水,并喷叶面水。冬季要适量减少。
施肥:在春、夏生长期间,宜薄肥勤施,以腐熟的饼肥水较好。棕竹
的修剪很简单,主要剪去其枯黄叶及病叶,如层次太密,也可进行
疏剪。

用途:宾馆、客厅等室内空间较大的地方。具有药用价值,可
用于镇痛、止血和各种外伤疼痛。

四十三、朱蕉

别名:铁树、千年木、朱竹、红叶铁树
学名:*Cordylie fruticosa*
科属:龙舌兰科 朱蕉属

形态特征:常绿灌木,茎直立细长,高1～3米。茎粗1～3厘
米,不分枝。叶聚生于茎或枝的上端,2列状旋转排列;叶片椭圆
形至椭圆状披针形,叶绿色或带紫红色、粉红色斑纹,叶脉明显,侧
脉羽状平行,顶端渐尖,基部渐窄;叶柄有槽,基部变宽,抱茎。

生态习性:喜高温多湿的环境。喜光线明亮处,但在全光照或
半阴环境下均能正常生长,喜空气湿润,空气干燥会引起叶尖和叶
缘枯黄。冬季温度要保持10℃以上,夏季要求半阴。不耐寒,要
求富含腐殖质和排水良好的酸性土壤。

繁殖方法:有播种、扦插和压条法。

播种繁殖:种子较大,待种子晾干后再点播。

扦插繁殖:采条时要保留母株基部 30 厘米的茎干,取上部茎干 10 厘米左右的插穗,将叶片全部剪除,集中扦插,入土深 6 厘米左右。

压条繁殖:用分枝较多的母株进行压条。

栽培与养护:烈日暴晒,叶色较差;完全庇荫处,生长欠佳。忌碱土,植于碱性土壤中叶片易黄,新叶失色,不耐旱。空气干燥时应每天向叶面喷水,盆土保持湿润。春、秋两季要多施肥,夏季则需要防暑降温,少施肥。

用途:可摆放于客厅和窗台,优雅别致。成片摆放会场、公共场所、厅室出入处,端庄整齐,清新悦目。

第二节　常见观花类

一、矮牵牛

别名:碧冬茄、灵芝牡丹、杂种撞羽朝颜

学名:*Petunia hybrida*

科属:茄科　碧冬茄属或矮牵牛属

形态特征:多年生草本。全株具黏毛。茎直立或匍匐。叶卵形,全缘,互生或对生。花单生叶腋或枝端,漏斗状,花瓣边缘变化大,有平瓣、波状、锯齿状瓣,花色有白、粉、红、紫、蓝、黄等,另外有双色、星状和脉纹等。

常见栽培品种:撞羽矮牵牛、腋花矮牵牛。

生态习性:性喜温暖,不耐寒,干热的夏季开花繁茂。忌雨涝,喜排水良好及微酸性土壤。要求阳光充足,遇阴凉天气则花少而叶茂。种子甚小,发芽率60%。

繁殖方法:播种或扦插。播种前装好介质,浇透水,播后细喷雾湿润种子,种子不能覆盖任何介质,否则会影响发芽。播后保持介质温度22～24℃,4～7天出苗。扦插,室内栽培全年均可进行,花后剪取萌发的顶端嫩枝,长10厘米,插入沙床,插壤温度20～25℃,插后15～20天生根,30天可移栽上盆。

栽培与养护:小苗生长前期应勤施薄肥,肥料选择氮、钾含量高,磷适当偏低的。生长适温为13～18℃,冬季温度在4～10℃,如低于4℃,植株生长停止。夏季能耐35℃以上的高温。夏季生长旺期,需充足水分,浇水始终遵循不干不浇、浇则浇透的原则,保持盆土湿润。但梅雨季节,雨水多,对矮牵牛生长十分不利,所以,盆栽矮牵牛宜用疏松肥沃和排水良好的沙壤土。生长期要求阳光充足,在正常的光照条件下,从播种至开花约需100天。冬季大棚内栽培矮牵牛时,在低温短日照条件下,茎叶生长很茂盛,但着花很难,当春季进入长日照下,很快就从茎叶顶端分化花蕾。

用途:矮牵牛花大而色彩丰富,适于露天阳台、窗台摆放或吊挂于室内观赏。温室中栽培可四季开花。

二、八仙花

别名:绣球花、紫阳花

学名:*Hydrangea macrophylla*

科属:八仙花科　八仙花属

形态特征:灌木。小枝粗壮,无毛,皮孔明显。叶对生,大而有光泽,倒卵形至椭圆形,缘有粗锯齿,两面无毛或仅背脉有毛。顶生伞房花序近球形;几乎全部为不育花,有4枚萼片,卵圆形,全缘,粉红色、蓝色或白色,极美丽。花期6～7月份。

常见栽培品种:变种很多,栽培最多的是紫阳花,植株较矮,高约 1.5 米,花序中全为不育花,状如绣球,极为美丽,乃盆栽佳品。另有银边八仙花,叶具白边,多盆栽。

生态习性:喜阴,喜温暖性气候,耐寒性不强,华北地区只能盆栽,温室越冬。喜湿润、富含腐殖质而排水良好的酸性土壤。性颇健硕,少病虫害。

繁殖方法:可用扦插、压条、分株等方法繁殖。初夏用嫩枝扦插极易生根。压条春、夏均可进行。

栽培与养护:八仙花为肉质根,盆栽时不宜浇水过多,以防烂根,雨季要防盆内积水。八仙花的花色随土壤酸碱度变化而变化。一般 pH 4～6 时为蓝色,pH 在 7 以上为红色。

用途:花球大而美,耐阴性强,可作为庭院地栽,布置在花坛点缀景色。盆栽开花时可放在室内观赏。

三、百合

别名:*Lilium* spp.

学名:强瞿、番韭、山丹、倒仙

科属:百合科　百合属

形态特征:地下具鳞茎,外无皮膜。叶多互生或轮生;具平行脉。花单生、簇生或成总状花序;花大型,漏斗状或喇叭状或杯状等。花被片 6,美丽芳香。

常见栽培品种:东方百合杂种系、亚洲百合杂种系、麝香百合杂种系。

生态习性:百合种类多,分布广。
大多喜半阴,有些喜强光,有些更耐
阴。绝大多数喜冷凉、湿润气候;多数
种类耐寒性较强,耐热性较差。要求
肥沃、腐殖质丰富、排水良好的微酸型
土壤,少数适应石灰质土壤。忌连作。
花后进入休眠,休眠期因种而异。2~
10℃的低温,可以打破休眠。

繁殖方法:分球、分芽、扦插鳞片及播种繁殖,有些可组培繁
殖。分球繁殖最常用。

栽培与养护:园林中百合多为秋植。栽植宜深。最好深翻后
施入大量腐熟堆肥、腐叶土、粗沙等以利通气。微酸性土为宜。生
长季不需特殊管理。一般3~4年分栽1次,不宜多年种植一处不
移动。采收后贮存于微潮湿的沙土中。

用途:花姿雅致,叶青翠娟秀,茎亭亭玉立,花色鲜艳,可盆栽
在庭院中观赏,应注意百合花香浓郁,其香味会导致人神经过度兴
奋而失眠,因此不适合卧室摆放。

四、报春花

别名:仙鹤莲、四季樱草、鄂报春

学名:*Primula obconica* Hance.

科属:报春花科 报春花属

形态特征:茎短褐色。全株被白色茸毛。叶基生,叶长圆形至
卵圆形,有长柄,叶缘有浅波状齿。花莛由根部抽出,多数。顶生
伞形花序,花漏斗状,花色有白、洋红、紫红、蓝、淡紫至淡红色,稍
有香气。萼筒倒圆锥形,裂齿三角形。花期以冬春为盛。

常见栽培品种:报春花(*P. malacoides* Franch.)、藏报春

（*P. sinensis* Lindl.）、欧报春（*P. vulgaris* Huds.）。

生态习性：报春花性喜温暖湿润而通风良好的环境，忌炎热，较耐阴、耐寒、耐肥，宜在土质疏松、富含腐殖质的沙质壤土中生长。不耐高温和强烈的直射阳光，多数亦不耐严寒。报春花属植物受细胞液酸碱度的影响，花色有明显变化。pH＝3 的为红色，pH＝4 的粉色、pH＝5～8 的为堇色，pH＝9、pH＝10 的为蓝绿色，pH＝11 的为绿色。

繁殖方法：报春花以种子繁殖为主，特殊园艺品种亦用分株或分蘖法。种子寿命一般较短，最好采后即播，或在干燥低温条件下贮藏。采用播种箱或浅盆播种。因种子细小，播后可不覆土。种子发芽需光，喜湿润，故需加盖玻璃并遮以报纸，或放半阴处。10～28 天发芽完毕。适温 15～21℃，超过 25℃，发芽率明显下降，故应避开盛夏季节。播种时期根据所需开花期而定，如为冷温室冬季开花，可在晚春播种；如为早春开花，可在早秋播种。春季露地花坛用花，亦可在早秋播种。分株分蘖一般在秋季进行。

栽培与养护：报春花栽植深度要适中，太深易烂根，太浅易倒伏。须经常施肥。叶片失绿的原因除盆土酸性外，可能太湿或排水不良。不仅夏季要遮阳，在冬季阳光强烈时，也要庇荫，以保证花色鲜艳。报春花幼苗较弱，如气候炎热，易生猝倒病；气温过低，土壤过湿易发生白叶病，应予防治。开花时，为了延长观赏期，温度与光照不宜过高。花谢后，要使其开花不断就需及时剪去残花与梗,并追施肥料,促使生长、开花。

用途:小型盆栽花卉适宜摆放阳台、客厅、玄关或庭院花坛点缀用。

五、长春花

别名:日日草、山矾花

学名:*Catharanthus roseus*

科属:夹竹桃科　长春花属

形态特征:长春花为多年生草本。茎直立,多分枝。叶对生,长椭圆状,叶柄短,全缘,两面光滑无毛,主脉白色明显。花单生或数朵腋生,花筒细长,花冠5裂,花朵中心有深色洞眼。花有红、紫、粉、白、黄等多种颜色。

生态习性:喜温暖、稍干燥、阳光充足和湿润的沙质壤土环境。

繁殖方法:播种繁殖。也可扦插繁殖,但生长势不及实生的强健。

栽培与养护:要求阳光充足,但忌干热,故夏季应充分灌水,且置略阴处开花较好。生长适温3~7月份为18~24℃,9月份至翌年3月份为13~18℃,冬季温度不低于10℃。长春花忌湿怕涝,盆土浇水不宜过多,过湿影响生长发育。尤其室内过冬植株应严格控制浇水,以干燥为好,否则极易受冻。适宜肥沃和排水良好的土壤,耐瘠薄土壤,但切忌偏碱性。

用途:长春花有毒,折断其茎叶而流出的白色乳汁,有剧毒,千万不可误食。但同时也是一种防治癌症的良药。小型盆栽花卉适宜摆放阳台、客厅、玄关或庭院花坛点缀用。

六、雏菊

别名:春菊、马兰头花、玛格丽特、延命菊、幸福花
学名:*Bellis perennis* L.
科属:菊科　雏菊属

形态特征:菊科多年生草本,常作 2 年生栽培。植株矮小,全株具毛,高 7~15 厘米。叶基生,长匙形或倒长卵形,基部渐狭,先端钝,微有齿。花莛自叶丛中抽出,头状花序单生,舌状花一或多轮,具白、粉、紫、洒金等色。筒状花黄色,瘦果扁平。

常见栽培品种:管花雏菊、舌花雏菊、斑叶雏菊。

生态习性:喜冷凉、湿润和阳光充足的环境,较耐寒。对土壤要求不严,在肥沃、富含有机质、湿润、排水良好的沙质壤土上生长良好,不耐水湿。

繁殖方法:播种繁殖。种子发芽适温 22~25℃,播种后 7~10 天出芽,长出 2~3 片真叶时可移栽 1 次,5 片真叶时定植。

栽培与养护:雏菊在生长季节要给予充足肥水,花前约每隔 15 天追 1 次肥,使开花茂盛,花期也可延长。

用途:装饰台案、窗台、居室。

七、大丽花

别名:大理花、天竺牡丹、东洋菊

学名:*Dahlia pinnata*

科属:菊科 大丽花属

形态特征:地下为粗壮的块根。茎较粗,多直立,平滑,中空。叶对生,1~2回羽状分裂,边缘具粗钝锯齿。头状花序顶生。开花繁密,中或小花,花期长,花色丰富。

常见栽培品种:按花朵的大小划分为大型花(花径20.3厘米以上)、中型花(花径10.1~20.3厘米)、小型花(花径10.1厘米以下)三种类型。按花朵形状划分为葵花型、兰花型、装饰型、圆球型、怒放型、银莲花型、双色花型、芍药花型、仙人掌花型、波褶型、双重瓣花型、重瓣波斯菊花型、莲座花型和其他花型等花型。

生态习性:喜光,但阳光不宜过强;喜凉爽,既不耐寒,又畏惧暑,在夏季气候凉爽、昼夜温差大的地方,生长开花尤佳。生长适温10~30℃。以富含腐殖质和排水良好的沙质壤土为宜。短日照花卉,日照10~12小时迅速开花。每年需一段低温时间休眠。

繁殖方法:播种、扦插、分株繁殖。花坛栽培及培育新品种用播种法,种子喜光;可用块根或母本茎扦插,只要温度和湿度适宜,四季均可扦插;分株,于春季进行。摘心可促分枝,定植前施足基肥。

栽培与养护:在日常管理时要及时松土,排出盆中渍水,因为大丽花肉质块根在土壤中含水量过多而空气通透不良时即腐烂。盆栽大丽花应放在阳光充足的地方。生长期避免高温高湿,适当追肥,但注意不要生长过旺,影响地下根发育。栽培种适当疏蕾、去叶,可以提高开花质量。采收后用微潮湿沙土贮存。

用途:矮生品种最宜盆栽观赏,放在阳台、屋顶,也可以庭院栽培,起到美化净化的作用。

八、杜鹃

别名:映山红、照山红、野山红

学名:*Rhododendron simsii* Planch.

科属:杜鹃花科　杜鹃花属

形态特征:常绿,半常绿或落叶灌木,分枝多,枝细而直,枝条互生或假轮生,有亮棕色或褐色扁平糙状毛。叶纸质,全缘,卵状椭圆形或椭圆状披针形,叶表的糙状毛较稀,叶背糙状毛较密。花2~6朵簇生枝端,有芳香或无,花色丰富,蔷薇色、鲜红色或深红色,有紫斑;具有雄蕊10枚,花药紫色;萼片小而有毛;子房密被伏毛。蒴果卵形,密被糙伏毛。花期4~6月份;果10月份成熟。

常见栽培变种:

白花杜鹃:花白色或浅粉红色。

紫斑杜鹃:花较小,白色而有紫色斑点。

彩纹杜鹃:花有白色或紫色条纹。

生态习性:杜鹃花属的共同要求是喜酸性土,忌碱性和黏性土壤。喜凉爽、湿润、通风良好的半阴环境,怕烈日暴晒,在烈日下嫩叶易灼伤而枯死,但应视种类和不同地区而异;一般落叶类和半常绿类杜鹃中原产南方的种类,虽具有较高的耐热性,但多怕烈日而喜半阴环境,如杜鹃花、锦绣杜鹃、白杜鹃等;而原产北方或高山区的种类,如蓝荆子、照山白等则喜欢阳光充足和夏季较凉爽的气候,其耐热性较差;而一些常绿性的高山杜鹃则喜欢空气湿度高的环境,其中原产于高海拔地区者,多喜欢全日照的条件,原产于低海拔者,多需半阴条件。忌浓肥,以疏松、排水良好、偏酸性的山林腐叶土为好,pH宜5~5.5,忌盐碱。

繁殖方法:杜鹃类可用播种、扦插、压条及嫁接等方法繁殖。

播种法:杜鹃杂交较易,为提高结实率常行人工辅助授粉。常绿杜鹃类种子最好随采随播,落叶杜鹃类可将种子贮存至翌年再行春播。杜鹃花属宜采用盆播。

扦插法:用此法繁殖能早日获得大苗,但优良品种成活率较低,通常栽培的久留米杜鹃类多采用此法。

嫁接法:由于杜鹃枝条脆硬,故多用靠接。落叶性杜鹃可在3~4月份进行,常绿性杜鹃可在落花后进行。

压条法:不易扦插成活者可用本法。杜鹃枝脆,故常用壅土压法,入土部分应该刻伤,一般约半年可生根。

分株法:丛生的大株可进行分株。

栽培与养护:杜鹃类是典型的酸性土植物,故无论露地种植或盆栽均应特别注意土质,最忌碱性及黏质土,土壤反应以pH 4.5~6.5为佳,但亦视种类而有变化。盆栽时,可用腐殖质土、苔藓、山泥等以2∶1∶7的比例混合应用。盆栽管理上需注意排水、浇水、喷雾等工作,施肥时应注意宜淡不宜浓,因为杜鹃根极纤细,施浓肥易烂根。东北及江南的水多为中性及微酸性,可以正常浇用,华北地区的水多呈微碱性,故应适时浇矾肥水。

用途:杜鹃是我国传统名花,可盆栽或加以修剪,培养成各式桩景。

九、扶桑

别名:朱槿、佛槿、赤槿、日及、花上花、吊兰牡丹

学名:*Hibiscus rosa-sinensis* L.

科属:锦葵科 木槿属

形态特征:常绿灌木,一般温室栽培的高约 1 米。叶互生,阔卵形至窄卵形,长 4～9 厘米,先端尖,缘有粗齿,基部近圆形且全缘,两面无毛或背面沿脉有疏毛,表面有光泽。花冠通常鲜红色,径 6～10 厘米;雄蕊柱和花柱长,伸出花冠外;花梗长 3～5 厘米,近顶端有关节。蒴果卵球形,径约 2.5 厘米,顶端有短喙。夏、秋开花。

常见栽培品种:美丽的阿美利坚,花深玫瑰红色。橙黄扶桑,单瓣,花橙红色,具紫色花心。单瓣,花红色,具深粉花心。

生态习性:喜光,喜温暖湿润气候,不耐寒,华南多露地栽培,长江流域及其以北地区需温室越冬。喜肥沃湿润而排水良好的土壤。

繁殖方法:通常采用扦插法。

栽培与养护:扶桑每天日照不能少于 8 小时,否则花蕾易脱落,花朵缩小。扶桑需肥量较大。盆栽扶桑,适当整形修剪,以保持优美的树冠,生长期浇水要充足,不能缺水,也不能受涝,通常每天浇水一次,伏天可早、晚各一次。地面经常洒水,以增湿降温,防止嫩叶枯焦和花朵早落。10 月底天凉后,移入温室,温度保持在 12℃以上,并控制浇水,停止施肥。栽培场所通风不良,光照不足,常发生蚜虫、介壳虫、烟煤病等,应注意改善环境条件和选择合适农药喷洒防治。

用途:扶桑为美丽的观赏花木,花大色艳,花期长。在南方多

散植于池畔、亭前、道旁和墙边,盆栽扶桑适用于客厅、书房、走道和入口处摆设。根、叶、花均可入药,有清热利水、解毒消肿之功效。

十、瓜叶菊

别名:千日莲

学名:*Senecio cruentus*

科属:菊科　瓜叶菊属

形态特征:一二年生栽培。全株被微毛,茎直立,草质。叶大,互生,心脏状卵形,掌状脉,叶缘具波状或多角状齿,形如瓜叶,绿色光亮。茎生叶叶柄有翼,基部耳状,根出叶叶柄无翼。花顶生,头状花序多数聚合成伞房花序,花序密集覆盖于枝顶,花色丰富,除黄色以外其他颜色均有,还有红、白相间的复色,花期1～4月份。

常见栽培品种:大花型(*Grandifolra*)、星型(*Stellata*)、中间型(*Intermedia*)、多花型(*Multifora*)。

生态习性:瓜叶菊性喜冷寒,不耐高温和霜冻。喜阳光充足和通风良好的环境,但忌烈日直射。凉爽的气温和充足的阳光是其良好生长的主要条件。喜疏松富含腐殖质而排水良好的沙质壤土,忌干旱,怕积水,适宜中性和微酸性土壤。花期为12月份至翌年4月份,盛花期3～4月份。可在低温温室或冷床栽培,以夜温不低于 5℃,昼温不高于 20℃ 为最适宜。生长适温为 10～15℃,温度过高时易徒长。生长期宜阳光充足,并保持适当干燥。

繁殖方法:瓜叶菊的繁殖以播种为主,也可采用扦插或分株法繁殖。

栽培与养护:播种后将播种盆置于凉爽通风的环境,大约经20 天,幼苗长出 2～3 片真叶时应进行移植。盆土用腐叶土 3 份、壤土 2 份、沙土 1 份配合而成,将幼苗自播种浅盆移入此盆,根部多带宿土以利于成活。浇水后将幼苗置于阴凉处,保持土壤湿润,经过 1 周缓苗后才放在阳光下继续生长。瓜叶菊缓苗后每 1～2 周可施豆饼汁或牛粪汁 1 次,浓度逐渐增加。幼苗时应保持凉爽条件,室温以 7～8℃ 为好,以利于蹲苗,若室温超过 15℃ 则会徒长而影响开花。幼苗真叶长至 5～7 片时,要进行最后定植。瓜叶菊喜肥,定植时要施足基肥,盆土以腐叶土和园土加饼肥屑配置为佳。定植时要注意将植株栽于花盆正中央保持植株端正,浇足水置于阴凉处,成活后给予全光照。瓜叶菊在生长期内喜阳光,不宜遮阳。要定期转动花盆,使枝叶受光均匀,株形端正不偏斜。每半个月施液肥 1 次,在花芽分化前 2 周,停止施肥,减少灌水,在稍干燥的情况下,着花率较高。开花期最适宜的温度为 10～15℃,越冬温度 8℃ 以上。

用途:瓜叶菊喜光,放置在窗台附近或较近光的客厅处。适宜在春节期间送给亲友,此花色彩鲜艳,体现美好的心意。

十一、旱金莲

别名:金莲花、旱荷花、大红雀

学名:*Tropaeolum majus*

科属:旱金莲科 旱金莲属

形态特征:茎叶稍带肉质,灰绿色。茎细长,半蔓性或倾卧。叶互生,具长柄,近圆形,盾状着生。花腋生,花梗长;5 枚萼片中的 1 枚向后延伸成距。5 枚花瓣,具爪。有红棕、深红、橘红、浅黄及乳白等深浅不一的花色,或具有深色网纹及斑点等复色。

生态习性:喜凉爽,不耐热,畏寒。宜栽于排水良好的沙质壤土,喜肥沃、排水良好的土壤。喜温暖湿润、阳光充足的环境,生长适温 18~24℃,温度适宜地区可四季开花。夏季高温时不易开花。

繁殖方法:以播种繁殖为主,也可扦插繁殖。春播不宜过晚。种子的种皮厚,且具嫌光性,播前需浸种。供 5~6 月份用花时,一般 2~3 月份于温室或温床播种,晚霜后移植到陆地。供初秋用花时,一般 5 月份播种。

栽培与养护:旱金莲栽培宜用富含有机质的沙壤土,pH=5~6。一般在生长期每隔 3~4 周施肥 1 次,每次施肥后要及时松土,改善通气性,以利于根系生长。旱金莲喜湿怕涝,土壤水分保持 50%左右,生长期间浇水要采取小水勤浇的办法,春秋季节 2~3 天浇水 1 次,夏天每天浇水,并在傍晚往叶面上喷水,以保持较高的湿度。开花后要减少浇水,防止枝条旺长。旱金莲喜阳光充足,不耐庇荫,春秋季节应放在阳光充足处培养,夏季适当遮阳,盛夏放在阴凉通风处,北方 10 月中旬入室,放在向阳处养护,室温保持 10~15℃,适当控制肥水。

用途:花大色艳,形状奇特,花叶兼美。全株可入药,有清热解毒的功效。嫩梢、花、新鲜的种子可作辛辣的调味品。可作庭院花坛点缀用。

十二、荷包花

别名:蒲包花

学名:*Calceolaria herbeohybrida* Voss

科属:玄参科　蒲包花属

　　形态特征:为多年生草本植物,在园林上多作一年生栽培花卉,株高 20～40 厘米,上部茎、枝、叶上有细小茸毛,叶片卵形对生。花形别致,花冠二唇状,上唇瓣直立较小,下唇瓣膨大似蒲包状,中间形成空室,柱头着生在两个囊状物之间。花色变化丰富,单色品种有黄、白、红等深浅不同的花色,复色则在各底色上着生橙、粉、褐红等斑点。蒴果,种子细小多粒。

　　常见栽培品种:达尔文氏蒲包花(*C. darwinii*)、墨西哥蒲包花(*C. mexicana*)。

　　生态习性:性喜凉爽湿润、通风的气候环境,忌高温炎热、寒冷,喜光照,但栽培中需避免夏季烈日暴晒,需庇荫,在 7～15℃条件下生长良好。对土壤要求严格,以富含腐殖质的沙土为好,忌土湿,有良好的通气、排水的条件,以微酸性土壤为好。15℃以上营养生长,10℃以下经过 4～6 周即可花芽分化。

　　繁殖方法:蒲包花一般以播种繁殖为主,也可进行扦插。播种多于 8 月底 9 月初进行,此时气候渐凉。培养土以 6 份腐叶土加 4 份河沙配制而成,于"浅盆"或"苗浅"内直接撒播,不覆土,用"盆底浸水法"给水。

栽培与养护:栽培时需避免夏季烈日暴晒,需庇荫,在 7～15℃条件下生长良好。15℃以上营养生长,10℃以下经过 4～6 周即可花芽分化。盆栽花土以腐殖质的沙质壤土为好,从播种苗第一次上盆到定植,通常要倒 3 次盆,定植盆径为 13～17 厘米。生长期内每周追施 1 次稀释肥,要保持较高的空气湿度,但盆土中水分不宜过大,空气过于干燥时宜多喷水,少浇水,浇水掌握"间干间湿"的原则,防止水大烂根。浇水浇肥勿使肥水沾在叶面上,造成叶片腐烂。冬季室内温度维持在 5～10℃,光线太强要注意遮阳。蒲包花为长日照植物,因此,在室内利用人工光照延长每天的日照时间,可以提前开花。蒲包花自 12 月份至翌年 5 月份开花。

用途:由于花型奇特,色泽鲜艳,花期长,蒲包花是初春之季主要观赏花卉之一。室内装饰点缀,置于阳台或室内观赏。若摆放窗台、阳台或客室,顿时满室生辉,热闹非凡。荷包花的开花时间有先有后,往往先开的就会先枯萎,后开的后枯萎。当在厅堂清供时,要注意及时把枯花摘掉,以免影响观赏效果。

十三、鹤望兰

别名:天堂鸟、极乐鸟之花

学名:*Strelitzia reginae* Banks

科属:旅人蕉科 鹤望兰属

形态特征:常绿宿根草本。高达 1～2 米,根粗壮肉质且长,茎不明显或无茎。叶对生,两侧排列,革质,侧脉羽状平行,长椭圆形或长椭圆状卵形,长约 40 厘米,宽 15 厘米。叶柄比叶片长 2～3 倍,中央有纵槽沟。花梗与叶近等长。花序外有佛焰苞片横生似船形,长约 15 厘米,绿色,边缘晕红,着花 6～8 朵,顺次开放。

外花被片 3 个、橙黄色，内花被片 3 个、舌状、天蓝色。花形奇特，色彩夺目，宛如仙鹤翘首远望。秋冬开花，花期长达 100 天以上。

常见栽培品种：尼可拉鹤望兰（*S. nicolaii*）、大叶鹤望兰（*S. augusta*）。

生态习性：鹤望兰喜温暖、湿润气候。生长适温 25℃左右，也较耐寒。喜光照充足，若光照不足则生长细弱，出芽少，开花不良甚至不开花。耐旱力强，不耐水湿，以肥沃、排水良好的稍黏质土壤为宜。

繁殖方法：鹤望兰常用播种和分株繁殖。播种繁殖，鹤望兰必须人工辅助授粉才能结实，种子成熟后应立即播种，发芽适温 25～30℃，经 2～3 周发芽。分株法宜在 4～5 月份进行。选择优质高产的母株，除去根部土壤，用利刀将株丛分开，切口涂以木炭粉或草木灰，以防腐烂，尽量减少根系损伤，再行栽种，一般结合换盆进行分株繁殖。

栽培与养护：冬季温度以 10℃左右为宜。培养土必须通透性良好，否则易烂根。其粗壮的肉质根贮藏很多水分，冬季要适当减少浇水，而夏天要供给充足的水分。夏季强光时宜遮阳。冬季需充足阳光，如生长过密或阳光不足，直接影响叶片生长和花朵色彩。鹤望兰每天要有不少于 4 小时的直接光照，最好是整天有亮光。阳光强烈时采取一些保护措施。鹤望兰为直根系，需用高盆栽培，生长需要富含腐殖质肥沃的微酸性沙质土壤，也可用粗沙、腐叶、泥炭、园土各一份混匀而成。在冬季主要采花期,阳光充足有利于增加产花量。在产花季节时追施磷肥。

用途:大型盆栽花卉,适宜布置在厅堂、门侧或作室内装饰。

十四、红掌

别名:花烛、安祖花、灯台花、火鹤花、红鹅掌、鹅掌红、红鹤芋

学名:*Anthurium andraeanum*

科属:天南星科　花烛属

形态特征:红掌株高一般为 50～80 厘米,因品种而异。具肉质根,茎极短,叶从根茎抽出,具长柄,单生、心形、鲜绿色,叶脉凹陷。花梗高于叶片,佛焰苞蜡质,阔心脏形,表面有鲜红色、橙红肉色、白色,肉穗花序,圆柱状,直立,黄色。花两性,小浆果内有种子 2～4 粒,粉红色。

常见栽培品种:哥伦比亚花烛(*A. andreamum*)、花烛(*A. scherzerianum*)、晶状花烛(*A. crystallinum*)、胡克氏花烛(*A. hookeri*)。

生态习性:性喜温热多湿而又排水良好的环境,怕干旱和强光暴晒,不耐寒。其适宜生长昼温为 25～28℃,夜温为 20℃。所能忍受的最高温度为 35℃,可忍受的低温为 14℃。

繁殖方法:红掌主要采用分株、扦插、播种和组织培养进行繁殖。分株结合春季换盆,将有气生根的侧枝切下种植形成单株,分

出的子株至少保留 3～4 片叶。扦插繁殖是将老枝条剪下,去叶片,每 1～2 节为一插条,插于插床中,几周后即可萌芽发根。人工授粉的种子成熟后,立即播种,温度 25～30℃,2 周后发芽。

　　栽培与养护:花烛类栽培成败的关键在于保持较高的空气湿度。同时,为保证排水通畅,盆底应多置瓦片、粗石砾等排水物。每 2～3 个月可追施饼肥 1 次。叶面施肥可提早发育,使叶片色泽鲜艳。观花品种需要光线充足,但阳光直晒又会引起烧叶的现象,为此最理想的措施是放置在明亮的庇荫场所。于冬季摆放在温暖明亮的屋子中间,夏季则避免阳光直接照射,若天气晴朗可放置在常绿树的庇荫处或悬挂于没有强光的罩棚下面,这样既可免受强光的灼射又有折射的日照。

　　用途:盆花多在室内的茶几、案头作装饰花卉。最理想的位置是放置在明亮的庇荫场所。

十五、花毛茛

　　别名:芹菜花、波斯毛茛、陆莲花
　　学名:*Ranunculus asiaticus* L.
　　科属:毛茛科　毛茛属

　　形态特征:为多年生球根草本。株高 20～40 厘米,块根纺锤形,常数个聚生于根颈部;茎单生,或少数分枝,有毛;基生叶阔卵

形或三出状,具长柄,茎生叶无柄,为2回3出羽状复叶;花单生或数朵顶生,花径3～4厘米;花期4～5月份。

常见栽培品种:栽培品种很多,有重瓣、半重瓣,花色丰富,有白、黄、红、水红、大红、橙、紫和褐色等多种颜色。共分为四个系统。

波斯花毛茛系,主要为半重瓣、重瓣品种,花大,生长稍弱。

法兰西花毛茛,植株高大,半重瓣,花大。

土耳其花毛茛,叶片大,裂刻浅。花瓣波状并向中心内曲,重瓣,花色多种。

牡丹型花毛茛,有重瓣与半重瓣,花型特大,株形最高。

生态习性:喜凉爽及半阴环境,忌炎热,适宜的生长温度白天20℃左右,夜间7～10℃,既怕湿又怕旱,宜种植于排水良好、肥沃疏松的中性或偏碱性土壤。6月后块根进入休眠期。性喜气候温和、空气清新湿润、生长环境疏荫,不耐严寒冷冻,更怕酷暑烈日。在中国大部分地区夏季进入休眠状态。

繁殖方法:以分球为主,9～10月份将块根自根茎部位顺自然分离状掰开,另行栽培。也可播种繁殖,通常秋播。种子在高温下(超过20℃)不发芽或发芽缓慢,故需人工低温催芽,将种子浸湿后置于7～10℃下经20天便可发芽。翌年便可开花。

栽培与养护:花毛茛要求富含腐殖质、排水良好的土壤。盆栽要求富含腐殖质、疏松肥沃、通透性能强的沙质培养土。立秋后下种,养成丛型,开春后成长迅速,追施2～3次稀薄肥水,促使花开色艳。防止盆土积水而导致块根腐烂。夏季球根休眠,宜掘起块根,晾干后藏于通风干燥处,秋后再种。

用途:花毛茛开花极为绚丽,花形优美,适于室内摆放。

十六、鸡冠花

别名:鸡冠头、红鸡冠

学名：*Celosia cristata*

科属：苋科青葙属

形态特征：一年生草本，茎直立粗壮，光滑有棱或沟。叶互生，有柄，长卵形或卵状披针形，全缘或有缺刻，有绿、黄绿及红等颜色。肉穗状花序顶生，呈扇形、肾形、扁球形等，小花两性，细小不显著，花被5片，雄蕊5，基部连合。整个花序有深红、鲜红、橙黄、金黄或红黄相间等颜色，且叶色与花色常有相关性。花序上部退化呈丝状，中、下部呈干膜质状。种子黑色有光泽。

常见栽培品种：矮鸡冠，植株矮小，株高仅15～30厘米。凤尾鸡冠，株高60～150厘米，全株多分枝而开展，各枝端着生金字塔形圆锥花序。圆锥鸡冠，株高40～60厘米，具分枝，不开展。

生态习性：喜温暖干燥气候，喜阳光，较耐旱，不耐涝，不耐寒。短日照诱导开花。喜深厚肥沃、湿润、呈弱酸性的沙质壤土。

繁殖方法：鸡冠花通常采用种子繁殖。种子萌发嫌光照，需盖土，但因种子细小，覆土宜薄。发芽适温为20℃左右。7～10天发芽。

栽培与养护：鸡冠花生长期内需水较多，尤其炎夏应注意充分灌水，保持土壤湿润。开花前应追施液肥。植株高大、肉穗花序硕大的应架设支柱防止倒伏。在通风良好、气温凉爽的条件下，花期可延长。

用途：放置在窗台附近、玄关或较近光的客厅处，使居室更加明亮、舒适。也可作为庭院花坛点缀。

十七、金鱼草

别名:龙头花、狮子花、龙口花、洋彩雀

学名:*Antirrhinum majus* L.

科属:玄参科　金鱼草属

形态特征:金鱼草为多年生草
本,常作一二年生花卉栽培。茎直
立,微有茸毛,基部木质化。叶对生,
上部螺旋状互生,披针形或圆状披针
形,全缘。总状花序顶生,花冠筒状
唇形,基部膨大成囊状,上唇直立,
2浅裂,下唇平展至浅裂;有白、淡
红、深红、肉色、深黄、浅黄、黄橙等
色,或具复色。

常见栽培品种:根据株形分为高
性品种、中性品种、矮性品种和半匍匐性品种。

生态习性:金鱼草性喜凉爽气候和阳光充足的环境,较耐寒,
也耐半阴,不耐热。土壤宜用肥沃、疏松和排水良好的微酸性沙质
壤土。

繁殖方法:金鱼草以播种繁殖为主。秋播或春播于酥松沙性
混合土壤中,稍用细土覆盖,切忌过厚,保持基质湿润。在15℃条
件下1~2周可发芽。也可采取嫩枝进行扦插繁殖。

栽培与养护:幼苗期适宜温度为昼温12~15℃,夜温2~
10℃。待长出3~4片真叶、易于操作时进行移栽。苗期摘心可促
进分枝,使株形苗壮丰满,但因此延迟花期。生长期每15天可追
液肥1次,注意灌水。

用途:宜放置在光线明亮、通风好的地方,点缀窗台或阳台。

十八、金盏菊

别名:长生菊、常春花、金盏花

学名:*Calendula officinalis* L.

科属:菊科　金盏菊属

形态特征:金盏菊为二年生草花,全株具毛,叶互生,呈长椭圆形,基部抱茎。茎下部的叶子呈匙形,为绿色;花大色艳,顶生头状花序,单生。每朵花的边花为舌状花,中央为筒状花,有黄和黄褐两种颜色,含芳香油。花期以 2～4 月份的最好,夏季也开花,其他各月均有零星花开。瘦果,种子为暗黑色或灰土色。

常见栽培品种:邦·邦,株高 3 厘米,花朵紧凑,花径 5～7 厘米,花色有黄、杏黄、橙等。吉坦纳节日,株高 25～30 厘米,早花种,花重瓣,花径 5 厘米,花色有黄、橙和双色等。卡布劳纳系列,株高 50 厘米,大花种,花色有金黄、橙、柠檬黄、杏黄等,具有深色花心。

生态习性:性较耐寒,能耐−9℃低温,喜阳光充足环境,适应性较强,怕炎热天气。对土壤要求不严,以疏松、肥沃、微酸性土壤最好。金盏菊的适应性很强,生长快,较耐寒,不择土壤。能耐瘠薄干旱土壤及阴凉环境,在阳光充足及肥沃地带生长良好。

繁殖方法:播种繁殖。发芽适温 20～22℃,7～10 天发芽。长出 3 片真叶时移植一次,5~6 片时可定植。

栽培与养护:金盏菊定植后 7~10 天摘心,促使分枝,或用 0.4％ B₉ 溶液喷洒叶面 1~2 次来控制植株高度。生长期每半个月施肥 1 次。肥料充足,金盏菊开花多而大。相反,肥料不足,花朵明显变小退化。花期不留种,将凋谢花朵剪除,有利于花枝萌发,多开花,延长观花期。生长期光照充足,对植株生长有利,生长适温为 7~20℃。

用途:数盆点缀窗台或阳台,使居室更加明亮、舒适。

十九、君子兰

别名:剑叶石蒜、宽叶君子兰、达木兰
学名:*Clivia* Lindl.
科属:石蒜科 君子兰属

形态特征:根肉质,粗长,不分枝,圆柱形;茎粗短,被叶鞘包裹,形成假鳞茎。叶 2 列状,交叠互生,叶扁平宽大,呈带状,表面深绿色,有光泽。伞形花序顶生,花葶自叶腋抽出,直立扁平;花被片 6 枚,2 轮,有短花筒;花有橙黄、橙红、鲜红、深红、橘红等色。浆果球形,绿色,成熟时红色,1 个果实具种子 1~40 粒,种子白色,形状不规则。

常见栽培品种:大花君子兰(*C. miniata* Regel)、垂笑君子兰(*C. nobilis*)、窄叶君子兰(*C. gardenii*)。

生态习性:原产非洲,常年温和湿润,生长适温在 15~25℃,10℃以下生长缓慢,5℃以下处于相对休眠状态,0℃以下受冻害;30℃以上徒长,叶片过长。畏寒惧热,要求温暖湿润和半阴环境的习性,不宜强光照射。要求疏松肥沃、排水良好、富含腐殖质的微酸性沙壤土。

繁殖方法:可用播种和分株法繁殖。播种繁殖,适温为 18~25℃。分株繁殖,把假鳞茎叶腋处抽生的吸芽切离下来,另行种植。

栽培与养护:栽培过程中要保持环境湿润,切勿积水,尤其是冬季室温低时,以防烂根。不宜强光照射,夏季需置阴凉处;秋、冬、春季阳光照度较小,可充分光照。君子兰喜肥,根系粗大,肉质,要求盆土土质疏松,通透性好,肥力足,能满足不同生长发育时期的营养需要。在生长期里由于生长迅速,通常每半年至一年换盆 1 次,每次换盆要增加盆的容量。君子兰要求土壤和环境湿润,浇水要掌握"间湿间干,浇则浇透"的原则。在植株旺盛生长季节(3~6 月份和 9~10 月份)应充分供应水分,满足生长的需要;夏季气温高,生长缓慢,要适当控制浇水,多向地面和叶面喷水,保持较高的空气湿度。冬季也需减少浇水量,若家庭养花,此时空气温度很低,要设法提高空气湿度,浇水最好将水温提高至 20~25℃。根据植株生长发育情况,结合季节和肥料性质,合理施用,原则是"薄肥勤施"。春天结合换盆施入基肥,秋季再追施 1 次。生长季节每个月可追施稀薄液肥 1 次。6~8 月份和 10 月份以后停止追肥。但若冬季室温较高,植株生长正常时,亦应酌施肥料,供应生长需要。

用途:可陈设于客厅、书房,置于几架之上,雍容气派,不宜放在卧室。君子兰具有吸收二氧化碳、放出氧气、吸收尘埃的功能。

君子兰不仅能吸收有害气体、减低噪声、杀灭细菌,创造出舒适起居的环境,还可以陶冶情操、增进健康,提高文化艺术素养。

二十、马蹄莲

别名:慈姑花、水芋、观音莲

学名:*Zantedeschia aethiopica*

科属:天南星科　马蹄莲属

形态特征:球根花卉。具肥大肉质块茎,块茎褐色,在块茎节上,向上长茎叶,向下生根。叶基生,具长柄,叶柄长 50～60 厘米,上部具棱,下部呈鞘状折叠抱茎;叶片箭形或戟形,先端锐尖,具平行脉,全缘,鲜绿色有光泽。花梗着生叶旁,肉穗花序包藏于佛焰苞内,佛焰包形大、开张,先端长尖,反卷呈马蹄形;肉穗花序圆柱形,鲜黄色,短于佛焰包,花序上部生雄花,下部生雌花。

常见栽培品种:

黄花马蹄莲:苞片略小,金黄色,叶鲜绿色,具白色透明斑点。

红花马蹄莲:苞片玫红色,叶披针形,矮生。

银星马蹄莲:叶具白色斑块,佛焰苞白色或淡黄色,基部具紫红色斑。

黑心马蹄莲:深黄色,喉部有黑色斑点。

生态习性:性喜温暖气候,不耐寒,不耐高温,生长适温为20℃左右。冬季需要充足的日照,光线不足着花少,稍耐阴。喜潮湿、疏松肥沃的土壤。

繁殖方法:马蹄莲的繁殖以分球繁殖为主。植株进入休眠期后,剥下块茎四周的小球,另行栽植。也可播种繁殖,种子成熟后即行盆播。发芽适温 20℃左右。

栽培与养护:在我国长江流域及北方栽培,冬季宜移入温室,冬春开花,夏季因高温干旱而休眠;而在冬季不冷、夏季不干热的亚热带地区全年不休眠。在生长期间喜水分充足,要经常向叶面、地面洒水,并注意叶面清洁。马蹄莲每半个月追施液肥1次。待植株完全休眠时,可将块茎取出,晾干后贮藏,秋季再行栽植。上盆时应施足底肥,在大种球旁适当留几个侧芽以增加花叶的密度和观赏性。适当控制浇水,增加通风,保持株距以使其株形美观。保持花盆下方土壤的湿润,这样可使鲜花根系通过花盆下方排水孔扎入下方泥土中,使其生长茂盛。

用途:装饰客厅、书房盆栽花卉的理想材料。要注意此植物全身有毒,误食一点点都会引起呕吐。

二十一、米兰

别名:米仔兰、树兰
学名:*Aglaia odorata*
科属:楝科　米仔兰属

形态特征:常绿灌木或小乔木,多分枝,高 4～7 米;顶芽、小枝先端常被褐色星形盾状鳞。羽状复叶,叶轴有窄翅,小叶 3～5,倒卵形至长椭圆形,长 2～7 厘米,先端钝基部楔形,全缘。花黄色,径 2～3 毫米,极芳香,腋生圆锥花序。浆果卵形或近球形,无毛。夏秋季开花。

生态习性:喜光,略耐阴,忌强阳光直射,喜暖怕冷忌严寒,喜深厚肥沃排水良好的壤土,不耐旱。

繁殖方法:可用嫩枝扦插、高压等法繁殖。

栽培与养护:米兰四季都应放在阳光充足的地方,而且温度越高,它开出来的花就越香。1～2年换盆1次,生长时期1～2周施肥1次。冬季移入室内有直射阳光的地方,越冬温度10℃以上。

用途:米兰散发的兰花般香味,可净化空气,一般放在阳台、客厅、卧室。

二十二、茉莉

别名:远客、梦您花、雪瓣

学名:*Jasminum sambac*

科属:木犀科　茉莉属

形态特征:半落叶蔓性小灌木,枝细长呈藤木状。幼枝有短茸毛。叶对生或三枚轮生,薄纸质,椭圆形或广卵形,长3～8厘米,叶全缘,仅背面脉腋有簇毛。常有花单朵或三朵,有时十数朵聚生成伞房状;花萼裂片8～9,线形;花冠米白色或雪白色,浓香,花瓣分单瓣类型和重瓣类型。花后常不结实。花期5～11月份,以7～8月份开花最盛。

常见栽培品种:分为单瓣茉莉、双瓣茉莉和多瓣茉莉三类。

生态习性:属于热带植物,喜光稍耐阴,若夏季高温潮湿,光照强,则开花多且香;若光照不足,则会叶大,节细,花小;喜温暖气候,不甚耐寒,在气温低于10℃时便停止生长,低于5℃时,叶大部分脱落,25～35℃是最适生长温度;生长期要有充足的水分和温暖的气候,不耐干旱和湿涝,在缺水或空气湿度不高的情况下,新枝不萌发,而积水则落叶;喜肥,以肥沃、疏松的酸性沙质壤土为宜。

繁殖方法:扦插、压条、分株均可。5～10月份均可扦插。扦插法最为简易方便。选当年粗壮生条,截成15厘米长,插入湿润盆土中,约20天生根。压条在5～6月份进行。

栽培与养护:北方盆栽茉莉,容易有叶子发黄的现象,轻则叶片萎黄且生长不良,开花不好;重则逐渐衰弱,无法存活。原因是盆土持续潮湿会导致烂根,或者是盆土用水偏碱性,或营养不良等。应采取严格控制浇水,或施稀矾肥水,或结合换盆施肥等法即可使其叶色恢复正常。盆栽中有时出现枝叶徒长、开花少的情况,往往是由于光照不足或施用氮肥太多所致,只要阳光充足,合理施肥即可花繁叶茂。

用途:茉莉株形玲珑,枝叶繁茂,花期长,香气清雅而怡人,浓郁而不浊。多作为盆栽观赏。茉莉散发的香味对结核杆菌、葡萄球菌、肺炎球菌的生长繁殖具有明显的抑制作用。茉莉还具有催眠作用,可以置于卧室,以利睡眠。

二十三、牡丹

别名:富贵花、木本芍药、洛阳花
学名:*Paeonia suffruticosa*
科属:芍药科　芍药属

形态特征:落叶灌木。枝多而粗壮。叶呈2回羽状复叶,小叶阔卵形至卵状长椭圆形,先端3～5裂,基部全缘,叶背有白粉,平滑无毛。花单生枝顶,大型;花型有多种;花色丰富,有紫、深红、粉红、黄、白、豆绿等色;雄蕊占多数;心皮5枚,有毛。花期4月下旬至 5 月份。

生态习性:喜温暖而不酷热气候,较耐寒;喜光但忌夏季暴晒,在弱阴下生长最好,尤其在花期若能适当遮阳可延长花期并可保持纯正的色泽。深根性肉质根,喜深厚肥沃、排水良好、略带潮湿的沙质壤土,最忌黏土及积水之地;较耐碱,在 pH 为 8 的土壤中能正常生长。

繁殖方法:可用播种、分株和嫁接法。播种法,常用于大量繁殖苗木或培育新品种。多用于单瓣或半重瓣品种中。分株法,适用于各种品种。嫁接法,繁殖系数高,尤其适用于一些发枝力弱的名贵品种。砧木通常用"粗种"牡丹或芍药的肉质根。移植适期为 9 月下旬至 10 月上旬,不可过早或过迟。

栽培与养护:栽培牡丹最重要的问题是选择和创造适合其生长的环境条件。最宜选择适当肥沃、深厚而排水良好的壤土或沙质壤土和地下水位较低而略有倾斜的向阳、背风地区栽植。定植前应先整地,施肥,栽植深度以根颈部平于或略低于地面为准。之后应及时灌水和封土。生长过程中,应经常保持土壤疏松、不生杂草。主要病虫害有黑斑病、腐朽病、根腐病以及茎腐病、锈霉病等。虫害有地蚕、天牛幼虫等。

用途:牡丹有"花中之王"的美称。其花大、形美、色艳、香浓,为历代人们所称颂,具有很高的观赏和药用价值。牡丹的茎、叶可以治疗血瘀病,根可以入药,也可以叫它丹皮,入药后可以治疗高血压,除伏火,清热散瘀,去痛消肿等。对高血压有显著疗效,也可治疗咽炎引起的咽痒、咽干、刺激性咳嗽等症,效果良好。而它的花瓣可以食用,并且味道鲜美。

二十四、茑萝

别名:五角星花、羽叶茑萝、绕龙草

学名:*Quamoclit glory*

科属:旋花科　茑萝属

形态特征:一年生蔓性草本。茎细长光滑柔弱,叶互生,羽状细裂,裂片整齐。花腋生,花冠鲜红色,高脚碟状。花端部五角星形,筒部细长,常清晨开放;还有纯白及粉花品种。

常见栽培品种:圆叶茑萝、裂叶茑萝、掌叶茑萝。

生态习性:喜阳光充足,喜温暖,不耐寒。对土壤要求不严。开花时间长,从初夏至秋凉。

繁殖方法:播种繁殖,属春播花卉,直播。直根性,小苗及时移栽。

栽培与养护:茑萝幼苗生长缓慢,具 4 枚真叶后移栽育成大苗,再定植,效果较好。栽植前应施入基肥,促使其抽生茎蔓,然后需设支架供其攀缘。生长期每半个月施液肥 1 次,则叶茂花繁。

用途:羽叶茑萝茎叶细美,花姿玲珑。适于篱垣、花墙和小型棚架。

二十五、牵牛花

别名:朝颜、碗公花、牵牛、喇叭花

学名:*Pharbitis* Choisy

科属:旋花科　牵牛属

形态特征:一年生蔓性草本,植体被毛。叶互生,宽卵形或近圆形,常为 3 裂,先端裂片长圆形或卵圆形,侧裂片较短,三角形,被茸毛。秋季开花,花序腋生,有 1～3 朵花,也有单生于叶腋的,萼片5,花冠蓝紫色渐变淡紫色或粉红色,漏斗状,花冠管色淡,雄蕊5,不等长,花丝基部被茸毛。

常见栽培品种:裂叶牵牛、大花牵牛、圆叶牵牛和三色牵牛。

生态习性:喜气候温和、光照充足、通风适度,对土壤适应性强,较耐干旱盐碱、不怕高温酷暑、属深根性植物,喜肥沃、排水良好的土壤,忌积水。

繁殖方法:播种繁殖。播种前应施基肥。每年3月下旬,将种子点种于翻松的土中,深度2厘米,10~15天可出苗;春季进入生长期,每个月应追肥1~2次。炎夏注意浇水,应注意防治红蜘蛛等害虫。

栽培与养护:发芽适温20~25℃。播种期为春夏。生长适温为22~34℃。开花期为夏秋。选择排水良好的培养土,给以充分日照和通风良好的环境,生育期盆土表面略干时需灌水,半个月施稀液肥1次,氮肥不宜太多,以免茎叶过于茂盛。盆栽需设支柱支撑。

用途:牵牛花是垂直绿化的良好植物材料,盆栽、地栽都可以。也可作小庭院、阳台、晒台、屋顶及居室窗前遮阳,小型棚架、篱垣的美化。

二十六、秋海棠

别名:相思草、八月春、岩丸子

学名:*Begonia*

科属:秋海棠科　秋海棠属

形态特征:秋海棠是秋海棠科秋海棠属植物的通称,为多年生草本或木本。茎绿色,节部膨大多汁。有根状茎或块状茎。叶互生,卵圆形、心脏形、广椭圆形或掌状等,边缘有锯齿,基部偏斜。有的叶片颜色红或绿,或有白色斑纹,背面红色,有的叶片有突起。聚伞花序顶生或腋生,雌、雄同株异花,雄花较大,花被片和萼片同色,均为 2 枚,雌花较小,由花萼和花被片组成。花有白、粉、红等色。

常见栽培品种:须根类的有四季海棠、秆茎型秋海棠(或称天使翼秋海棠)、多毛秋海棠。块茎类的有球根秋海棠、丽格秋海棠。观叶类的有斑叶竹秋海棠、玻璃秋海棠。

生态习性:喜温暖湿润的环境和湿润的土壤,不耐寒,怕干燥和积水。气温只要保持在 10℃ 以上就能安全越冬,夏季忌酷热。

繁殖方法:采用播种、扦插、分块茎、分根茎等繁殖方法。播种法,种子采收后应有 1 个月的后熟期,虽然种子的生活力可保持 9 年之久,但大多数种子一年之内就播。播种一般在秋季,在温度 20℃ 的条件下 7～10 天发芽,翌年春天开花。因种子极为细小,播种时特别小心,可与细沙等拌匀再播,基质尽量采用疏松的泥炭及苔藓,播种后采用盆浸法吸水。扦插法,以春、秋两季为最好。插穗宜选择基部生长健壮枝的顶端嫩枝,长 8～10 厘米。扦插时,将大部分叶片摘去,插于清洁的沙盆中,保持湿润,并注意遮阳。在春、秋季气温不太高的时候,剪取嫩枝 8～10 厘米长,将基部浸在洁净的清水中生根,发根后再栽植在盆中养护。分根法,宜在春季换盆时进行,将一植株的根分成几份,切口处涂以草木灰(以防伤口腐烂),然后分别定植在施足基肥的花盆中。分植后不宜多浇水。

栽培与养护:在夏冬管理中,温度如能控制在 10～30℃,浇水干湿适宜,施肥适量,植株必定健壮,便可达到四季开花不断。栽培宜疏松、肥沃、排水良好的微酸性土壤。春、秋季节是生长开花期,水分要适当多一些;盆土稍微湿润一些;在夏季和冬季是秋海棠的半休眠或休眠期,水分可以少些,盆土稍干些,特别是冬季更要少浇水,盆土要始终保持稍干状态。

用途：盆栽秋海棠常用以点缀客厅、橱窗或装点家庭窗台、阳台、茶几。常配置于阴湿的墙角、沿阶处。应注意的是秋海棠有微毒，会引起皮肤瘙痒、呕吐、拉肚子、咽喉肿痛、呼吸困难等症状。

二十七、三色堇

别名：蝴蝶花、人面花、猫脸花

学名：*Viola tricolor* L.

科属：堇菜科　堇菜属

形态特征：多年生草本，常作为二年生栽培。株高 15～25 厘米，全株光滑，茎长而多分枝。叶互生，基生叶圆心脏形，茎生叶较长。托叶宿存，基部有羽状深裂。花大，花径有 5 厘米，腋生，下垂，有总梗及 2 小苞片；萼片 5 枚宿存，花瓣 5 枚，不整齐一瓣有短顿之距，下面花瓣有线形附属体，向后伸入距内。花色瑰丽，通常为黄、白、紫三色，或单色，还有纯白、浓黄、紫堇、蓝、青、古铜色等，或花朵中央具一对比色之"眼"。

常见栽培品种：香堇，被柔毛，有匍匐茎，花深紫堇、浅紫堇、粉红或纯白色，芳香。角堇茎丛生，短而直立，花茎紫色，品种有复色、白色、黄色等，花径 2.5～3.7 厘米，微香。

生态习性：较耐寒，喜凉爽，略耐半阴，喜肥沃、排水良好、富含有机质的中性壤土或黏壤土。

繁殖方法：播种繁殖。种子发芽适温 15～20℃。将种子均匀撒播于木屑中，保持适润，经 10～15 天发芽。若气温太高，不易发芽。

栽培与养护：栽培土质以肥沃富含有机质的壤土为佳，或用泥炭土 30%、木屑 20%、壤土 40%、腐熟堆肥 10% 混合调制。生育期间每 20～30 天追肥 1 次，各种有机肥料或氮、磷、钾均佳。花谢后立即剪除残花,能促使再开花,至春末以后气温较高,开花渐少也渐小。性喜冷凉或温暖,忌高温多湿,生育适温 5～23℃。

用途:花色艳丽,可放置在窗台附近、玄关或较近光的客厅处,也可作为庭院花坛点缀。

二十八、芍药

别名:将离、娄尾春、殿春、没骨花、绰约、梨食等

学名:*Paeonia lactiflora*

科属:芍药科　芍药属

形态特征:芍药为多年生宿草本根花卉,具粗大肉质根,茎簇生于根茎,初生茎叶褐红色,株高 60～120厘米。叶为二回三出羽状复叶,枝梢部分成单叶状,小叶椭圆形至披针形,叶端长而尖,全缘微波。花 1～3朵生于枝顶或枝上部腋生,单瓣或重瓣,萼片 5 枚,宿存,花色多样,有白、绿、黄、粉、紫及混合色。雄蕊多数,金黄色。

常见栽培品种:按花型分类分为单瓣类、千层类、楼子类、台阁类。

生态习性:喜冷凉,忌高温多湿,北方均可露地越冬,华南适合在高海拔地栽培。喜阳。肉质根,怕积水,宜肥沃、湿润及排水良好的沙质壤土,忌盐碱及低洼地。

繁殖方法:以分株繁殖为主,也可播种繁殖。分株应在秋季 9月份至 10 月上旬进行,切忌在春季进行。种子随采随播,或湿沙保存。种子有上胚轴休眠习性,播种后当年地上不萌发,翌年春天地上生长;翌年后生长快,4～5 年可开花。

栽培与养护:栽植前应深耕并施足基肥。根颈覆土 2～4 厘

米。生长期保持土壤湿润,尤其花前不能干旱,否则花易凋谢。及时疏去侧花蕾,可以集中养分供花蕾,使花大色艳。为保证开花质量,可以在早春及秋末施肥。

用途:庭院地栽为多,常与牡丹同栽丰富庭院景色。如盆栽可放在庭院、阳台、晒台上观赏。芍药在阳光充足之处才能生长。芍药是中国传统名花,因其与牡丹外形相似而被称为花相。

二十九、文殊兰

别名:十八学士、白花石蒜、秦琼剑、引水蕉、水蕉

学 名:*Crinum asiaticum* L. var. *sinicum* Baker

科属:石蒜科 文殊兰属

形态特征:鳞茎长圆柱形,叶片在鳞茎顶端莲座状排列,长带状,边缘波状。花茎从叶腋抽出,着花10～20朵;花被片窄线形,花被筒细长;花白色,具芳香。花期7～9月份。

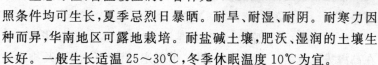

生态习性:喜温暖湿润。各种光照条件均可生长,夏季忌烈日暴晒。耐旱、耐湿、耐阴。耐寒力因种而异,华南地区可露地栽培。耐盐碱土壤,肥沃、湿润的土壤生长好。一般生长适温25～30℃,冬季休眠温度10℃为宜。

繁殖方法:分株或播种繁殖。春季分株,将吸芽分离母株,另行栽植。栽植不宜过深。种子采收后应立即播下,种子大,浅埋土中。

栽培与养护:不耐烈日暴晒,而稍耐阴。夏季需置荫棚下,生长期需大肥大水,特别是在开花前后以及开花期更需充足的肥水。夏季充足供水,保持盆土湿润;每周追施稀薄液肥1次,花莛抽出

前宜施过磷酸钙 1 次。花后要及时剪去花梗。9 月上旬或 10 月下旬将盆花移入室内,放在温度为 10℃左右的干燥处,不需浇水,终止施肥。喜富含腐殖质、疏松肥沃、排水良好的土壤,较耐盐碱。于 3～4 月份将鳞茎栽于 20～25 厘米的盆中,不能过浅,以不见鳞茎为准,栽后充分浇水,置于阴处。

用途:植株洁净美观,常年翠绿色。宜盆栽,布置厅堂、会场。

三十、仙客来

别名:萝卜海棠、兔子花、一品冠、兔耳花

学名:*Cyclamen persicum*

科属:报春花科　仙客来属

形态特征:仙客来是多年生草本植物。块茎扁圆形,肉质,外部木栓质。顶部抽生叶片,叶丛生,心形、卵形或肾形,边缘具大小不等的圆齿牙,表面深绿色具白色斑纹;叶柄肉质,褐红色;叶背暗红色。花型大,单生而下垂,花梗细长,肉质,自叶腋处抽出;萼片 5 裂,花瓣 5 枚,基部连成短筒,花瓣向上反卷而扭曲,花瓣边缘多样,有全缘、缺刻、皱褶和波浪等形。花色有白、粉、绯红、玫红、紫红、大红等色。

常见栽培品种:有 20 多个品种,主要分为以下四类。

大花型:花大,花瓣全缘、平展、反卷、有单瓣、重瓣、芳香等品种。

平瓣型:花瓣平展、反卷,边缘具细缺刻和波皱,花蕾较尖,花瓣较窄。

洛可可型:花半开、下垂;花瓣不反卷,较宽,边缘有波皱和细缺刻。花蕾顶部圆形,花具香气。叶缘锯齿显著。

皱边型:花大,花瓣边缘有细缺刻和波皱,花瓣反卷。

生态习性：喜凉爽、湿润及阳光充足的环境，不耐寒，也不喜高温。水温应与室温相近。要求疏松、肥沃、富含腐殖质，排水良好的微酸性沙壤土。

繁殖方法：仙客来块茎不能自然分生子球，种子繁殖简便易行，繁殖率高，是目前最普遍应用的繁殖方式。仙客来通常采用人工辅助授粉以获得种子，2～3个月后成熟。种子不需后熟，新鲜种子播种的萌发率强。种子短期储藏可置室温、干燥处，在2～10℃低温下可保存2～3年。播种前用清水浸种24小时催芽或用温水（30℃）浸种2～3小时，浸后置25℃条件下2天待种子萌动后播种。一般多在9～10月份播种。也可采用分割块茎和组织培养繁殖。

栽培与养护：生长的适温为15～20℃；冬季温度不得低于10℃，若温度过低，则花色暗淡，且易凋落；夏季温度若达到28～30℃，则植株休眠，若达到35℃以上，则块茎易于腐烂。幼苗较老株耐热性稍强。盆土要经常保持适度湿润，可令叶色深绿而富有光泽，不可过分干燥。冬季也不可置于暖气、空调所能直接接触的位置，防止因风干而萎蔫干枯。喷水时要避开花朵，防止花朵提前凋谢。仙客来为中日照植物，影响花芽分化的主要环境因子是温度，其适温为15～18℃。在生长期中需要充足的光照条件方可开花持久，花色鲜艳。置于半阴处也只能作短暂欣赏，更要避开荫庇环境，否则叶色与花色都会变淡，植株衰弱，严重者很难恢复，直至衰败枯竭。花期10月份至翌年4月份。

用途：仙客来对空气中的有毒气体二氧化硫有较强的抵抗能力，叶片能吸收二氧化硫。适宜于盆栽观赏，可置于室内，尤其适宜在家庭中点缀于有阳光的几架、书桌上。注意的是仙客来根茎部有一定的毒性，误食可能会导致拉肚子、呕吐等症状；皮肤接触后可能会引起皮肤红肿瘙痒；若有这些症状出现请去咨询医生指导，不要让动物或小孩误食此植物及其根茎。

三十一、香豌豆

别名:花豌豆、麝香豌豆

学名:*Lathyrus odoratus* L.

科属:豆科 香豌豆属

形态特征:香豌豆为一二年生蔓性攀缘草本植物,全株被白色粗毛,茎棱状有翼,羽状复叶,仅茎部两片小叶,顶端小叶变态形成卷须,卷须3叉,小叶卵圆形,两端尖,叶背微被白粉;托叶披针形;总状花序腋生,花梗长15～20厘米,着花2～4朵,花大蝶形,旗瓣宽大、色深艳丽,有紫、红、蓝、粉、白等色,并具斑点、斑纹,具芳香。花萼呈钟状,端5裂,裂片比萼筒长或等长;荚果长圆形,被粗毛;种子球形、褐色。

常见栽培品种:依据花瓣的形态可以分为四种花型:①平瓣型。②卷瓣型。③皱瓣型。④重瓣型。依据花期不同可以分为三种类型:①夏花类,耐寒性强,属长日性,夏天开花,耐热性强。②冬花类,为温室栽培类型,主要供应切花,日照中性,耐寒性及耐热性均弱。③春花类,具其他两个类型的中间性质,属长日性。

生态习性:香豌豆喜日照充足,也能耐半阴,喜冬暖夏无酷暑的气候条件,宜作二年生花卉栽培。南方可露地越冬,可耐－5℃的低温,北方需入室越冬,低于5℃生长不良,发芽适温20℃,生长适温15℃左右,盛夏到来之前完成结实阶段而死亡,过度庇荫造成植株生长不良。要求通风良好,属于深根性花卉,要求疏松肥沃、湿润而排水良好的沙壤土。

繁殖方法:香豌豆采用播种繁殖,可于春、秋进行,华北地区多于8～9月份进行秋播。种子有硬皮,播前用40℃温水浸种一昼夜,发芽后定植于盆中。盆径10～13厘米,点播3～5粒。出苗后间苗,留一株壮苗,香豌豆不耐移植。除播种外,香豌豆也可用茎扦插繁殖。

栽培与养护:栽培期间温度不宜过高,开花前,白天温度 9～10℃,最高不超过 13℃;夜间温度以 5～8℃为宜。开花时温度可稍微提高,夜间温度维持 10～13℃,白天温度 15～20℃。要求光线充足,其根系强健,不需浇水过多,室内空气应保持干燥,注意通风。

用途:用于餐桌装饰,也可作为美化窗台、阳台、棚架。

三十二、香雪球

别名:小白花、玉蝶球、庭荠
学名:*Lobularia maritima*
科属:十字花科　香雪球属
形态特征:植株矮小,叶互生,披针形,分枝多。植株多匍匐生长,被灰白色毛。总状花序顶生,着花繁密呈球形,小花白色或淡紫色,微香。种子扁平。花期5～10月份。

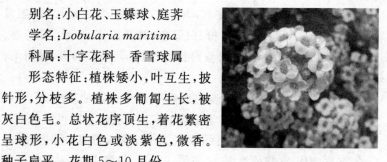

常见栽培品种:大花品种、白缘和斑叶等观叶品种。

生态习性:喜冷凉干燥气候,稍耐寒,亦稍耐阴,喜阳光,忌酷暑。对土壤要求不严,耐干旱瘠薄,忌涝渍。耐海边盐碱空气。

繁殖方法:播种或扦插繁殖。秋播或春播,秋播生长良好。播种适温为 21～22℃。种子细小,不覆盖或覆盖一层薄细土。在冷床或冷室越冬,翌年定植于盆中。

栽培与养护:香雪球发芽约 5 天出苗,3～4 片真叶时定植上盆,6 月份开花。夏季有休眠现象,花后将花序自基部剪掉,秋凉后能再次开花。茎叶易受肥害,施肥时不要污染茎叶。

用途:植株低矮匍地,盛花时晶莹洁白,花质细腻,芳香清雅。

花镜、花坛的优良镶边材料。

三十三、一串红

别名:墙下红、爆竹红、撒尔维亚、
草象牙红、西洋红

学名:*Salvia splendens*

科属:唇形科　鼠尾草属

形态特征:多年生草本,常作一二
年生栽培,株高 30～80 厘米。茎直
立,光滑有四棱。叶对生,卵形,边缘
有锯齿。顶生总状花序着生枝顶,花
冠唇形筒状伸出萼外长达 5 厘米;花
冠、花萼同色,有鲜红、粉、紫、红、淡
紫、白等色,花萼宿存。

常见栽培品种:红花鼠尾草、粉萼鼠尾草。

生态习性:喜温暖和阳光充足环境。不耐寒,耐半阴,忌霜雪
和高温,怕积水和碱性土壤。

繁殖方法:以播种繁殖为主,也可用于扦插繁殖。播种时间于
春季 3 月份至 6 月上旬均可进行,播后不必覆土,湿度保持在
20℃左右,约 12 天就可发芽。扦插繁殖可在夏秋季进行。

栽培与养护:一串红生长的适宜温度为 20～25℃,气温 5℃以
下,叶子会逐渐变黄脱落。一串红适应性较强,但在疏松、肥沃、排
水良好的土壤中生长良好。生长前期不宜多浇水,可 2 天浇 1 次,
以免叶片发黄、脱落。进入生长旺期,可适当增加浇水量,开始施
追肥,每个月施 2 次,可使花开茂盛,延长花期。当苗生有 4 片叶
子时,开始摘心,促进植株多分枝,一般可摘心 3～4 次。

用途:花色艳丽,可放置在窗台附近或较近光的客厅处,也可
作为庭院花坛点缀。

三十四、叶子花

别名:宝巾、三角花、三角梅、勒
杜鹃

学名:*Bougainvillea glabra* Choisy

科属:紫茉莉科 叶子花属

形态特征:常绿攀缘灌木;枝有
立刺。枝条常拱形下垂。单叶互生,
卵形或卵状椭圆形,全缘,表面无毛,
背面幼时疏生短柔毛;叶柄长 1~2.5 厘米。花顶生,常 3 朵簇生,
各具 1 枚叶状大苞片,紫红色,椭圆形。花被管长 1.5~2 厘米,淡
绿色,疏生柔毛,顶端 5 裂。瘦果 5 棱。

生态习性:喜光,喜温暖气候,不耐寒;不择土壤,干、湿均可。
萌芽力强,耐修剪,忌水涝。

繁殖方法:生长健壮;扦插容易成活。

栽培与养护:在北方作为盆栽冬天在 10℃以上温室过冬。要
求光照充足和富有腐殖质的肥沃土壤,但土壤适当干些可以加深
花色。

用途:三角花树形纤巧、枝叶扶疏、花色艳丽、繁花似锦,且花
期(冬春)很长,极为美丽。可制成微型盆景、水旱盆景等置于阳
台、几案,十分雅致。

三十五、栀子

别名:黄栀子、山栀、白蟾

学名:*Gardenia jasminoides*

科属:茜草科 栀子属

形态特征:常绿灌木。干灰色,小枝绿色,丛生。幼时具细毛。
叶长椭圆形,长 6~12 厘米,端渐尖,对生或三叶轮生,全缘,无毛,

革质而有光泽。花单生枝顶或叶腋，白色、有浓香；花萼5～7裂，裂片线形；花冠高脚碟状，端常6裂。果卵形，具6纵棱，成熟后橙黄色，故名黄栀；顶端有宿存萼片。花期6～8月份。果熟期11月份。

生态习性：喜光，但又畏阳光直射，较耐半阴，在庇荫条件下叶色浓绿，但开花稍差；喜温暖湿润的气候，耐热也稍耐寒（-3℃）；喜肥沃、疏松、排水良好、酸性的轻黏性壤土，畏碱土。耐干旱瘠薄，但植株易衰老；植株抗二氧化硫能力较强。萌蘖力很强，耐修剪更新。

繁殖方法：扦插、压条、分株、播种均可。扦插栀子的枝条很容易生根，南方常于3～10月份扦插，北方则常于5～6月份扦插，剪取健壮当年生成熟枝条，插于湿土中，经常保持湿润，极易生根成活。水插法远胜于土插，成活率接近100%。压条繁殖于4月上旬进行，在成年树上选2～3年生的健壮枝条压条。6月中下旬可生根。

栽培与养护：栀子是叶肥花大的植株，主干宜少不宜多，因其萌芽力强，故应注意适时修剪。栀子4月份孕蕾形成花芽，所以，四五月份应重在保蕾；6月份开花，应及时剪除残花，促使其抽生新梢，新梢长至二三节时，进行摘心，并适当抹去部分叶芽；8月份对二次枝再行摘心，培养树冠，就能得到具有优美树形的植株。栀子在土壤pH 5～6的酸性土壤中生长良好，在北方的中性或碱性的土壤中，应适期浇灌矾肥水或者在叶面喷洒硫酸亚铁溶液。

用途：栀子四季常青，叶色亮绿，花大洁白，芳香馥郁。宜作阳台绿化、盆花、切花和盆景。能吸收多种有害气体，净化环境。

三十六、朱顶红

别名:百枝莲、朱顶兰、孤挺花、华胄兰

学名:*Hippeastrum rutilum*

科属:石蒜科　朱顶红属

形态特征:鳞茎卵状球形。叶4～8枚,2列状着生,带状,略肉质。花茎自叶丛外侧抽出,粗壮而中空,高于叶丛,顶端着花4～6朵,两两对生略呈伞状;伞状花序;花大型,漏斗状,呈水平或下垂开放,花径10～15厘米,花色繁多,十分艳丽。

常见栽培品种:网纹孤挺花,叶深绿色,具显著的白色中脉,花被片鲜红紫色,有暗红条纹,具浓香。短筒孤挺花,喉部有白色星状条纹的副冠。美丽孤挺花,叶色中等绿色。花径较粗,花深红色,花大,喉部有带绿色的副冠。

生态习性:喜温暖湿润气候,生长适温为18～25℃,忌酷热,阳光不宜过于强烈,应遮阳。怕水涝。冬季休眠期,要求冷凉的气候,以10～12℃为宜,不得低于5℃。喜富含腐殖质、排水良好的沙壤土。

繁殖方法:分球和播种繁殖。要注意浅栽,勿伤小鳞茎的根。种子采收后,应立即播种。生长期需给予充足的水肥。夏季宜凉爽,温度18～22℃;冬季休眠期要求冷凉干燥。

栽培与养护:保持植株湿润,浇水要透彻。但忌水分过多、排水不良。一般室内空气湿度即可。生长期间随着叶片的生长每半个月施肥1次,花期停止施肥,花后继续施肥,以磷、钾肥为主,减少氮肥,在秋末可停止施肥。

用途:宜放置在光线明亮、通风好、没有强光直射的窗前。

第三节　仙人掌及多肉类

一、绯牡丹

别名:红牡丹、红球

学名:*Gymnocalycium mihanovichii*

科属:仙人掌科　裸萼球属

形态特征:多年生肉质植物,是牡丹玉的一个斑锦变种。斑锦变异是指球体或茎节的局部或全部没有叶绿素而呈红、白、黄或不规则的块状色斑。茎扁球形,直径3～4厘米,具8棱,有突出的横脊。成熟球体群生子球。刺座小,无中刺,辐射刺短或脱落。花细长,着生在顶部的刺座上,漏斗形,粉红色,花期春、夏季。果实细纺锤形,红色。种子黑褐色。

生态习性:喜温暖、阳光充足的环境,但在夏季高温时应稍遮阳,并使其通风,土壤要求肥沃和排水良好,要求空气流通,不耐寒,越冬温度不可低于8℃。

繁殖方法:嫁接繁殖。由于球体本身不含叶绿素,无法进行光合作用,必须嫁接才能生长。砧木宜选用量天尺。嫁接时间5～

10月份,但盛夏高温季节,量天尺生长不良,不宜嫁接。

栽培养护:盆栽绯牡丹,盆土要适合砧木的生长。生长季节需要较充足的光照,光照不足,尤其是冬天往往会使球体颜色变淡,甚至失去光泽。夏季持续高温和强烈光照会灼伤球体,色彩暗淡失色,应适当遮阳。冬季应保持盆土干燥,白天多见阳光,夜间注意防寒。每年5月份换盆,三四年后长势变弱,应重新嫁接更新。生长季节浇水应"间干间湿",盆土表面不干不浇水,浇水量宜少不宜多,切忌盆内积水。花期水分应适当增加,冬季绯牡丹处于休眠状态,应严格控制水肥。盆土以干为主,但不可过分干燥。

家庭莳养绯牡丹,夏季由于高温、高湿、通风不良等因素,易受红蜘蛛、介壳虫等的危害,应注意预防,着重改善养护条件,加强通风,适当降温,定期喷施适当浓度的乐果或敌百虫进行防治。

用途:绯牡丹球体红艳,玲珑秀美,惹人喜爱,为室内小型盆栽佳品。

二、量天尺

别名:三棱箭、霸王花、三角柱

学名:*Hylocereus undatus*

科属:仙人掌科　量天尺属

形态特征:茎三棱形,多分枝,以气生根附着于树干、石岩或墙壁上,无刺。大漏斗形白色花,春末秋初两次花期。花外瓣黄绿色,内瓣白色,夜晚开放,翌晨凋谢。果实长圆形,红色,果肉白色,有香味。

繁殖方法:一般采用扦插繁殖,每年4～9月份均可进行,但室温过高时(35℃以上)不宜扦插。扦插基质用砻糠灰或是腐叶土效果较好。扦插生根容易,当根长3～4厘米时可移栽上盆。

栽培与养护：习性强健，栽培容易，喜温暖湿润，阳光不太强的生长环境。盆栽时要经常换土修剪根部，否则茎肉易干瘪。抗寒性较差，在华南温暖地区可露地栽培，在北方冷凉地区冬季应室内养护，越冬温度10℃以上为宜。

用途：量天尺柱形高大，花大色鲜，是多年以来广泛采用的优良砧木用材，其花朵不但美丽，而且可以食用治咳嗽。无论是新鲜的或晒干的，都可以配以肉类炒食或煮汤。量天尺的茎有清热解毒作用。

三、令箭荷花

别名：孔雀仙人掌、孔雀兰

学名：*Npalxochia ackermannii*

科属：仙人掌科　令箭荷花属

形态特征：灌木状，形似昙花，分枝扁平，有时三棱，叶片状，边缘具偏斜粗圆齿。花被联合部分短于瓣片，易与昙花区别，花白、黄、橙、红、紫等色。

生态习性：令箭荷花原产墨西哥。喜温暖湿润条件，不耐寒。喜阳光，但夏季应稍加庇荫。耐旱，喜肥。要求疏松肥沃、排水良好的微酸性土壤。

繁殖方法：可扦插或嫁接繁殖，但通常多用扦插。通常于春季将叶状枝剪成10～15厘米的小段，晾干表面的水分后进行扦插，半阴的条件下大约1个月可生根。嫁接繁殖可用劈接法，用量天尺或仙人掌作砧木，生长快且繁茂，并可提早开花。

栽培与养护：喜温暖湿润的环境，但也能耐旱。盆栽要求含丰富有机质的土壤。夏季应于通风良好的半阴处养护，春、秋季多晒太阳,冬季置于向阳窗口,室温在 8℃左右就可以安全越冬。生长季节可于每天早、晚进行喷雾,但应注意盆土不能过湿,否则会造成烂根。现蕾期及花后应少浇水,花期可适当多补充水分。现蕾后要多施磷、钾肥,避免施用过量氮肥。养护过程中应经常剪除过多的侧芽和基部的枝芽,以减少养分消耗。其茎枝柔软,应及时设立支架,并适当绑缚。养护过程中要注意保持通风,否则容易受到蚜虫及介壳虫的危害。

用途:令箭荷花花大色艳,是一种色彩、姿态及香气兼具的夏季室内花卉,又因其栽培容易,变种繁多等优点而备受人们的喜欢,已成为栽培较为广泛的家庭盆栽花卉。

四、金琥

别名:象牙球、无极球

学名:*Echinocactus grusonii*

科属:仙人掌科　金琥属

形态:茎圆球形,单生或成丛,球顶密被黄色绵毛。棱上排列整齐的刺座较大,密生硬刺,刺金黄色,后变褐,有辐射刺,中刺3~5枚,较粗,稍弯曲。只要管理得当,成年植株在每年的 4~11 月份都能开花。花着生于球顶部黄色绵毛丛中,钟形,黄色,花筒被尖鳞片。果被鳞片及绵毛,基部孔裂。种子黑色,光滑。

繁殖方法:可用播种繁殖,出苗容易,幼苗只要勤修根、勤移

植,生长很快。但种子来源比较困难。也可以切顶繁殖,但大球切顶要谨慎,其体内水分多,不易干燥结膜,容易腐烂。

栽培与养护:光照要充足,但不要过量。金琥性喜光耐照,所以要将花盆置于光照充足处培养,但要注意,在盛夏阳光太强时必须对植株进行30%～40%的遮阳。温度控制要合理。养护金琥最佳温度为白天33℃,夜间13℃。加大昼夜温差,对植株生长极有利。越冬温度10℃左右,并保持盆土干燥。温度太低时,球体上会产生黄斑。适时适量浇水喷雾。一般盆土表面1/3部位干时即可浇水。适时施淡肥。施肥应在生长时期,因这时发育需要养分,只有此时施肥才能吸收并被利用。在肥沃土壤及空气流通的条件下生长较快,栽培中宜每年换盆1次。

用途:金琥是仙人掌类代表种之一,金刺灿然,相对来说不易退色,因而无论是园林还是厅堂,摆放效果都很好,多作盆栽装饰,也成为一些大型花卉展览的主角。

五、昙花

别名:琼花、月下美人
学名:*Epiphyllum oxypetalum*
科属:仙人掌科 昙花属
形态特征:植株呈灌木状攀缘生长,无叶,分枝扁平叶状,边缘具波状圆齿。刺座生于圆齿缺刻处,幼枝有刺毛状刺,老枝无刺。花期夏季,晚间20:00～21:00开大型白色漏斗状花,经4～5小时后凋谢,故此有昙花一现之说。果红色,有浅棱脊,成熟时开裂。种子黑色。

生态习性:昙花原产墨西哥、中美及南美。喜温暖、不耐寒、

喜半阴和较高的空气湿度,忌阳光暴晒。在富含腐殖质的微酸性土壤生长良好。

繁殖方法:可在生长季节里(通常 4～5 月份)剪取 1～2 片健康而饱满的变态茎节,直接扦插于培养土中,并保持盆土一定潮湿度,经 25～30 天即可生根成活。

栽培与养护:喜阳光不太强烈及空气流通的生长环境,在散射光充沛的走廊、屋檐下生长也良好。盆栽要求排水、透气良好的肥沃壤土。施肥可用腐熟液肥加硫酸亚铁同时施用。盆栽昙花由于变态茎柔弱,所以不论地栽或盆栽,都应有适当的支撑物或支架让其攀缘生长。昙花不耐霜冻,冬季应于室内养护,室温宜在 10℃以上。换盆于初秋或早春进行,通常不需要年年换盆。

昙花夜间开花的习性是可以改变的。当花蕾膨大时,将其移入暗室或是进行遮光处理,注意一点不能透光,晚上用日光灯补充照光,每天 10 小时,这样其生物钟就会被打乱,经 7～10 天的昼夜颠倒处理,就可以在白天开花,花朵开放的时间还可以延长至 8～10 小时。

用途:昙花多作盆栽,适合于美化庭院、阳台,点缀厅堂和走廊。夏季开花时节,几十朵甚至上百朵同时开放,香气四溢,光彩夺目,十分壮观。昙花不仅美丽又芬芳,还是一种中草药,用其花冲泡冰糖内服,有清肺热、止咳、化痰之功效。用扁平叶状茎捣烂敷用,可治跌打损伤、疮肿和烧伤。

六、蟹爪兰

别名:蟹爪花、锦上添花、蟹爪莲、霸王树、蟹足

学名:*Zygocactus truncactus*

科属:仙人掌科　蟹爪属

形态特征:多分枝,常铺散下垂。茎节扁平叶状,绿色或带紫晕,两端及边缘具尖齿形,首尾相连状似螃蟹的爪子,故此得名。

刺座上有短刺毛1~3。冬季或早春开花,花着生于茎节顶端,两侧对称,花瓣张开反卷,花色以紫红色花最为常见,其他颜色还有粉红、深红、淡紫、橙黄或白色。果梨形或广椭圆形,光滑,暗红色。

繁殖方法:可扦插、分株,也可嫁接。春季剪取生长充实的变态茎进行扦插,很容易生根。还可结合剪根换土时,将生长过密的蟹爪分株栽培。如为了培养出伞状的悬垂株形,增加观赏价值,可用嫁接进行繁殖,砧木多用量天尺或掌状的仙人掌。

栽培与养护:蟹爪是短日照,喜半阴、潮湿环境。屋檐廊下是理想的栽培场所。蟹爪虽属半阴性植物,但在生长旺季,仍需适当的光照。在盛夏高热期要遮阳、避雨,秋凉后当气温低于15℃时,可移到室内阳光充足处,这样不但可促使生长健壮,而且有助于花芽的分化。盆栽用土要求排水、透气良好的肥沃土壤。栽培过程中要求对植株进行修剪,对茎节过密者要进行疏剪并去掉过多的弱小花蕾。每15~20天施用1次稀释过的液肥。开花时可放置于温度略低的房间(10~15℃),可延长花期。花期不能随便搬动,否则会造成落花落蕾。花后进行疏剪短截,新长出来的茎节嫩绿健壮,开花繁茂。蟹爪兰花后有一段短暂的休眠期,此期应控制水肥。

用途:蟹爪兰株形优美,花朵艳丽,尤其能适应于散射光的居室内生长,因而格外受到人们的喜爱,是一种非常理想的冬季室内盆栽花卉。因其花期正值圣诞节,故又以"圣诞仙人掌"著称。另据记载,民间草药方中,常用蟹爪的叶状茎捣敷或研末调敷,可治疮疖肿毒。

七、仙人指

别名:圣烛节仙人掌、迎春花,
俗称三月红

学名:*Schlumbergera bridgesii*

科属:仙人掌科　仙人指属

形态特征:近似蟹爪兰,但生长
更繁茂快速。变态茎叶状,茎节扁
平薄且较小,两侧具钝圆浅齿,有明显中脉,体色淡绿色。花长
40～5.6厘米,花期稍晚于蟹爪兰,在3～4月份;温室盆栽可提前
至12月份开花。

繁殖:繁殖多采用嫁接法,用带根的三棱箭和接穗下端稍木质
化,是快速生长的重要条件。

栽培与养护:参照蟹爪。忌烈日暴晒,花期可置室内观赏。立
春后,花芽已形成,盆土不宜过干,以免落蕾。

用途:仙人指株形优美,花朵艳丽,能适应于散射光的居室内
生长,因其花期正值春节前后,是一种非常理想的冬季室内盆栽
花卉。

八、长寿花

别名:寿星花、圣诞伽蓝菜、矮生伽蓝菜

学名:*Kalanchoe blossfeldiana* cv. Tom Thumb

科属:景天科　伽蓝菜属

形态特征:多年生肉质草本,茎直立,全株光滑无毛。叶肉质,
交互对生,长圆形,叶片上半部具圆齿或呈被状,下半部全缘,深
绿,有光泽,边缘略带红色。1～4月份开花。圆锥状聚伞花序,直
立,花色有鲜红、桃红或橙红等。

生态习性:长寿花原产非洲。喜温暖稍湿润和阳光充足环境。

不耐寒,生长适温为 15～25℃,夏季高温超过 30℃,则生长受阻,冬季室内温度不能低于 12℃,以白天 15～18℃、夜间在 10℃ 以上为宜。低于 5℃,叶片发红,导致花期推迟或不能正常开花。冬春开花期如室温超过 24℃,会抑制开花,如温度在 15℃左右,长寿花开花不断。长寿花耐干旱,对土壤要求不严,以肥沃的沙壤土为好。

栽培与养护:长寿花为短日照植物,生长发育良好的植株经短日照处理 3～4 周后即有花蕾出现,如果在其开花前接受光照过长,会对其开花造成影响,因此,届时应将其置于光照时间与自然界日出日落相近的环境里。其喜温暖环境,在 18～26℃ 的温度范围内生长良好,越冬温度不低于 5℃。长寿花喜偏干的土壤环境,十分耐旱,除夏、秋两季生长旺盛阶段可适当浇水外,平时应经常使盆土处于偏干的状态。栽培中还要定期追施腐熟液肥或复合肥料,施肥不会改变品种的矮生性状,缺肥植株叶片显著变小,叶色变淡。

繁殖方法:扦插繁殖。以干净的黄沙、沙质壤土为基质,用 0.1% 的高锰酸钾溶液消毒。取 6～10 厘米长的枝干,带两个以上的叶基段。扦插时将插穗尽量剪至等长,剪口下端一般为斜口,最好离最下一个芽眼 2 毫米处为宜,利于生根,上口要平整且离最上一个芽 4 毫米以上为宜,避免水分损失后上部切口干枯变色,造成扦插失败。直接将插穗插于基质中,插入深度以 1/2～2/3 较好,压实,浇一次透水。其后,保持介质湿润。浇水或喷水过多,容易引致肉质叶、茎腐烂。扦插后用塑料薄膜覆盖以保温保湿,能促进枝条快速生根,保证成活率。刚扦插的插穗要避开强烈的光照,最好在散射光条件下,扦插后的插穗暂且不要施肥。1周左右即可生根。待长出新的腋芽、叶片后,即可以进行移植。

用途:长寿花植株矮小,株形紧凑,花朵细密簇拥成团,整体观赏效果极佳,适合装点室内日光充足之处。花期又在新年与春节前后,为大众化的冬季室内盆花,布置窗台、书桌、几案都很相宜。长寿花能够在夜晚释放氧气,因此有益于人体健康,故用来装饰卧室等处尤为适宜。

九、虎刺梅

别名:麒麟刺、麒麟花、铁海棠

学名:*Euphorbia milii* var. *splendens*

科属:大戟科 大戟属

形态特征:灌木,体内有白色乳汁。茎和枝有棱,棱沟浅,满身有硬刺。叶片长在新枝顶端,广披针形,叶面光滑,绿色。其干多枝密,可以盘扎造型。虎刺梅的花开在新枝顶端,聚伞花序,花较小,有长柄。花朵下有两枚红色苞片,非常美丽耀眼,外形类似梅花。花期主要在冬春。

生态习性:虎刺梅原产马达加斯加。喜光,阳光充足生长良好。长期庇荫,则生长不良,甚至不开花。不耐寒。冬季室温保持在15℃以上,则整个冬季可开花不绝。冬季温度过低,会造成落叶并进入休眠状态。不耐旱,亦怕过湿。肥沃的沙壤土生长良好。

繁殖方法:扦插繁殖,在整个生长季节都可以进行,但以5～6月份进行最好。剪取带顶嫩枝作插穗,剪口涂抹,放置几天,待剪口充分干燥后进行扦插。扦插基质保持湿润潮湿,极易生根。

栽培与养护:虎刺梅性喜日光充沛的环境,环境庇荫,则植株生长缓慢,开花很少。其喜温暖,不耐寒。在 16～28℃的温度范围内生长良好,冬季温度在 15℃以上,若温度太低,便落叶而进入休眠。在高温的环境条件下,虎刺梅的枝条尖端会长出很多绿色叶片,随着气温的降低,这些叶片便会干枯脱落,这属于正常的生长现象。虎刺梅喜微潮偏干的土壤环境,但在夏、秋生长旺盛阶段应经常给植株浇水。休眠期间控制浇水,不可浇大水。在生长期间要随时用竹棍和铅丝做成各种式样的支架,把茎均匀牵引绑扎到支架上,以形成美丽的株形。

用途:虎刺梅花序的总苞片具有较高的观赏价值,花期较长,人们常把它和仙人掌类陈放一处,适合摆放在窗前、阳台等日光充足之处进行美化。如果适当蟠扎整形、修剪,可将植株做成动物、花瓶等造型,从而提高它的观赏价值。虎刺梅全株生有锐刺,另外,茎中白色乳汁有毒,要注意放置地点,以免儿童刺伤中毒。

十、芦荟

学名:*Aloe vera* var. *chinensis*

科属:百合科　芦荟属

形态特征:芦荟为多年生肉质草本,叶三角状,左右排列成松散的大莲座叶盘,软而多汁,边缘疏生软刺,幼叶有白点。花筒状、黄色。

生态习性:芦荟怕寒冷,长期生长在终年无霜的环境中。5℃左右停止生长,0℃时,生命过程发生障碍,如果低于 0℃,就会冻伤。生长最适宜的温度为 15～35℃,湿度为 45%～85%。

繁殖方法:繁殖可用茎基自然萌生的芽扦插,植株长得过高时也可切断上部莲座叶盘单独上盆。

栽培与养护:芦荟属热带植物,在 14～28℃的温度范围内生长良好,在 5℃左右时停止生长,在冬季不很冷或室内有取暖条件的地区,只要将盆栽芦荟搬入室内即可。随着温度的降低,植株的新叶就会从淡绿色逐渐变成褐绿色,为了避免这种现象的发生,不应使环境温度低于 12℃。将盆栽芦荟移于避风向阳的阳台上让其接受阳光照射。夏季保持盆土表面湿润,冬季保持适当干燥,浇则浇透为原则,使盆土"间干间湿"。盆栽时盆宜大。空气潮湿时易患黑斑病,要注意控制。

用途:芦荟主要作为盆栽观赏,适合装点室内向阳之处,也可短期摆放在客厅、卧室等无阳光直射的明亮之处。除观赏外,在化妆品、食品和药品方面都有应用。家庭盆栽芦荟等于备了一个家庭药箱或请了一个常住的家庭医生。因为它既可防治很多疾病,又可净化有害气体。

十一、龙舌兰

别名:番麻、剑麻、世纪树、万年兰

学名:*Agave americana*

科属:龙舌兰科　龙舌兰属

形态特征:大型多年生肉质草本或亚灌木,茎极短。叶基生,呈莲座状生长,倒披针形,缘具锐齿,被白粉,肉质。仅顶端生花,圆锥花序自中心抽出,小花黄绿色,蒴果球形。经栽种多年后植株才能开花。

生态习性:龙舌兰喜温暖干燥和光照充足环境。稍耐寒,较耐阴,耐旱力强。要求排水良好、肥沃的沙壤土。冬季温度不低于 5℃。

繁殖方法:以分株繁殖为主,多在每年春季进行,也可用扦插法繁殖。

栽培与养护:龙舌兰喜高温环境,不耐寒,在18～30℃的温度范围内生长较好,越冬温度不宜低于5℃。充足的日照能获得较好的观赏效果,环境庇荫不仅植株生长缓慢,而且观赏效果较差。龙舌兰喜偏干的土壤环境,十分耐旱,平时浇水不宜过多,在休眠阶段应控制浇水。其对肥料需求较多,除在定植时施用适量基肥外,生长旺盛期还可每隔2周追肥1次。

用途:龙舌兰株形较大,很有气势,叶片坚韧而富于质感,是一种十分美观的大型多肉花卉。由于在栽种多年后才能开花,因此它主要作为观叶植物使用。

十二、落地生根

学名:*Bryophyllum pinnatum*

科属:景天科 落地生根属

形态特征:多年生肉质草本,茎中空,光滑无毛。下部叶为羽状复叶,上部为单叶,叶灰绿色,边缘有粗齿。聚伞花序,小花钟状,多数,淡红色。

生态习性:落地生根为景天科多年生肉质草本植物,原产于南非马达加斯加岛的山坡上或溪边灌木丛中,喜阳光充足、温暖湿润的环境,适宜生长在排水良好的酸性土壤中。可长成亚灌木状,叶肥厚,叶片边缘锯齿处可萌发出两枚对生的小叶,在潮湿的空气中,上、下面能长出纤细的气生须根,此小幼芽均匀排列在大叶片的边缘,且会落地生根。

繁殖方法:以扦插法繁殖为主。

栽培与养护:其性喜温暖,在14～28℃的温度范围内生长良好,越冬温度不宜低于5℃。落地生根喜日光充足的环境,但其不耐荫蔽环境,如果在荫庇条件下摆放时间过长,由于光合速率有所下降,最终会导致植株的长势越来越弱,最终死亡。落地生根较耐旱,不耐水湿,最好保持盆土处于微潮偏干的状态。其对肥料的需求量不多,除在定植时于花盆底部施用适量基肥外,生长旺盛阶段每2周追施1次液体肥料即可。

用途:落地生根主要作为盆栽植物观赏,在黑暗中能释放氧气,因此特别适合用来美化书房、卧室等处。

十三、生石花

学名:*Lithops* spp.

科属:番杏科 生石花属

形态特征:生石花是一种非常肉质的多年生草本植物,茎很短,通常看不见,人们看见地上部分则是两片对生联结的肉质叶,形似倒圆锥体。颜色不一,顶部近卵圆,平或凸起,上有树枝状凹纹,半透明,可透过光线,进行光合作用。顶部中间有一条小缝隙,从缝隙里开出黄、白色的花。一株通常只开一朵花,午后开放,傍晚闭合,可延续4～6天,花后可结果实,易收到种子。

生态习性:原产南非极度干旱少雨的沙漠砾石地带,喜阳光,生长适温为20～24℃。

繁殖方法:多在春季进行播种繁殖。

栽培与养护:生石花性喜温暖、干燥及阳光充足,生长适温20～24℃。喜日光充足的环境,但夏季高温阶段需为其遮阳。春秋季节宜放在南向阳台上或窗台上培养,此时正是其生长旺盛期,宜每隔3～5天浇1次水,促使生长和开花。生石花十分耐旱,在生长旺盛期可适当浇水,但注意浇水不宜过多,使土壤处于微潮的状态即可。夏季高温时节、冬季低温阶段均要控制浇水。对肥料需求很少,不必施用基肥,仅生长旺盛期每隔 10 天追肥 1 次。生石花的生长规律是 3~4 月份开始生长,高温季节暂停生长,进入夏季休眠期,秋凉后又继续生长并开花,花谢之后进入越冬期。

用途:生石花外形非常奇特,而且开花非常美丽,小盆栽植非常秀气,是一种很受人们欢迎的室内小型盆栽植物。由于其外形酷似卵石,因此在其盆土表面经常摆放些与其形态相似的砾石,这样不仅可以保持盆土湿度,更能增加观赏情趣。

十四、石莲花

别名:月影、雅致石莲花

学名:*Echeveria elegans*

科属:景天科　石莲花属

形态特征:多年生肉质草本,无茎,老株丛生。叶倒卵形,紧密排列成莲座状,叶端圆,但有一个明显的叶尖,叶面蓝绿色,被白粉,叶缘红色并稍透明,叶上部扁平或稍凹。总状花序,花序顶端弯,小花铃状,黄色。

生态习性:石莲花原产于墨西哥,目前世界各地均有栽培。喜温暖、干燥、通风的环境,喜光,喜富含腐殖质的沙壤土,也能适应贫瘠的土壤。耐寒、耐阴、耐室内的气闷环境,适应力极强。

繁殖方法:早春是繁殖的好时机,扦插繁殖,用莲座状叶丛、叶片扦插都易成活。

栽培与养护:夏季可放室外培养,不能浇过多的水。其生长慢因而土壤不必含过多肥分。冬季放在有阳光的居室或温度不超过 10℃ 的温室,保持盆土稍干燥。耐旱性极强,连着几周不给它浇水照样能够生长,因为它的每瓣叶子就像一座小水库,水分都储藏在叶子里,以备干旱时用。

用途:株形圆整,叶色美丽,是一种栽培普遍的室内花卉。在气候适宜地区亦可作岩石园植物栽培。

十五、条纹十二卷

别名:锦鸡尾、条纹蛇尾兰

学名:*Haworthia fasciata*

科属:百合科　十二卷属

形态特征:多年生肉质草本,肉质叶排列成莲座状,无茎。叶密生呈莲座状,三角状披针形,渐尖,稍直立,上部内弯,叶面扁平,叶背凸起呈龙骨状,绿色,有大的白色疣状突起,排列呈横条纹,非常美丽。

生态习性:条纹十二卷喜温暖干燥和阳光充足环境。怕低温和潮湿,生长期适温 3～9 月份为 16～18℃,9 月份至翌年 3 月份 10～13℃,冬季最低温度不低于 5℃。对土壤要求不严,以肥沃、疏松的沙壤土为宜。

繁殖方法:多用分株繁殖。

栽培与养护:性喜温暖,生长适温为 16～18℃,冬季要求冷凉,以不超过 12℃为宜。栽培宜半阴条件,冬季则要阳光充足,但光线太强时,叶子会变红。栽培要求排水良好的沙壤土。夏季高温炎热时植株呈休眠状态,此时要放半阴处并节制浇水。盆栽一般可不必另外施肥。

用途:株形小巧秀丽,深绿叶上的白色条纹对比强烈。非常耐阴,是理想的小型室内盆栽花卉,是十二卷中较受欢迎的品种。适合摆放在窗前、阳台等日光充足之处进行美化,亦可短期摆放在客厅、卧室等无日光直射的明亮之处。

十六、沙漠玫瑰

学名:*Adenium boesum*

科属:夹竹桃科　沙漠玫瑰属

形态特征:肉质灌木或小乔木，茎粗，肉质化，茎基部膨大，呈块状，分枝短而肉质化。表皮淡绿色至灰黄色。叶肉质，长圆形，集生小枝顶端。伞形花序，花筒长圆筒状，花冠玫瑰红色。

生态习性:沙漠玫瑰为多年生肉质植物，株高可达2米。喜干燥、高温、通风、阳光充足的环境，耐干旱不耐水湿，每次浇水量不可过多，如果水分较多，则很容易引起根部腐烂，同时枝条也徒长。良好的日照环境有助于沙漠玫瑰开花。根肥大成肉质根。茎粗壮，叶色翠绿。

繁殖方法:繁殖用播种，也可扦插，但扦插成活的植株茎基部不膨大。

栽培与养护:其喜温暖，怕寒冷，在16～28℃的温度范围内生长良好，越冬温度不低于10℃。沙漠玫瑰在阳光充足的条件下生长良好，环境荫蔽植株不爱开花。喜偏干的土壤环境，随着叶片的萌发，应逐渐增加浇水量。其对肥料需求不大。

用途:沙漠玫瑰习性强健，开花美丽，很适合家庭栽培。夏日时红花绿叶再加肥硕的茎枝，十分有趣，适合室内长期摆放。但据说它的花朵具有毒性，栽培者应予以注意。

参 考 文 献

[1] 陈有民,等.园林树木学.北京:中国林业出版社,2003.

[2] 包满珠,等.花卉学.北京:中国农业出版社,2003.

[3] 毛洪玉,等.园林花卉学.北京:化学工业出版社,2005.

[4] 刘燕.园林花卉学.北京:中国林业出版社,2009.

[5] 陈尚武,曹文红.室内观赏植物养护大全.北京:中国农业出版社,2002.

[6] 刘立安,谷卫彬.新潮观叶观花观果植物.合肥:安徽科学科技出版社,2003.

[7] 郑霞林,徐辉丽.不同花卉在居室中的利与弊.花木盆景,2006.

[8] 林清德,沐薇.观叶花卉.成都:四川科学技术出版社,2000.

[9] 董保华,等.汉拉英花卉及观赏树木名称.北京:中国农业出版社,1996.

[10] 陈俊愉,程绪珂,等.中国花经.上海:上海文化出版社,1990.

[11] 北京林业大学花卉教研室.花卉识别与栽培图册.合肥:安徽科学技术出版社,1995.

[12] 臧淑英,刘彤.庭院花卉.北京:金盾出版社,1992.

[13] 徐民生,谢维荪.仙人掌类及多肉植物.北京:中国经济出版社,1991.

[14] 谢维荪.仙人掌类与多肉花卉.上海:上海科学技术出版社,1998.

[15] 黄献胜,张穆舒.美妙的仙人掌花卉.北京:中国三峡出版社,1998.

[16] 黄智明.珍奇花卉栽培(一).广州:广东科学技术出版社,1995.

[17] 黄智明.珍奇花卉栽培(二).广州:广东科学技术出版社,1998.

[18] 王宏志,等.中国南方花卉.北京:金盾出版社,1998.

[19] 陈心启,吉占和,等.中国野生兰科植物彩色图鉴.北京:科学出版社,1999.

[20] 李英豪.洋兰栽培.北京:万里书店出版公司,1987.

[21] 中国科学院"中国植物志"编辑委员会.中国植物志.北京:科学出版社,1980.

[22] 羊茜.家庭养花大全.合肥:安徽科学技术出版社,2008.

[23] 赖尔聪,孙卫邦.木本观花植物.北京:中国建筑工业出版社,2004.

[24] 高凤枝,计燕.实用家庭养花百科.郑州:河南科学技术出版社,2011.

[25] 王意成.家庭养花宜忌全书.南京:江苏科学技术出版社,2009.

[26] 张鲁归,石祚江.家庭养花技巧.上海:上海科技教育出版社,2001.

[27] 陈之欢.家庭健康养花百科.北京:电子工业出版社,2010.

[28] 朱亮峰,李泽贤,郑永利.芳香植物.广州:南方日报出版社,2009.

[29] 徐栋材,杨春英,等.家庭盆栽名优花卉.北京:科学技术文献出版社,2000.

[30] 王琦.盆花栽培200问.北京:科学技术文献出版社,2000.

[31] 赵梁军.观赏植物生物学.北京:中国农业大学出版社,2002.

[32] 赵梁军.园林植物繁殖技术手册.北京:中国林业出版社,2011.

[33] 李真,魏耘.盆花栽培实用技法.合肥:安徽科学技术出版社,2006.